国外区域海岛图集

刘芳明　刘大海　著

海洋出版社

2018 年·北京

图书在版编目(CIP)数据

国外区域海岛图集 / 刘芳明, 刘大海著. —北京：
海洋出版社, 2018.6

ISBN 978-7-5210-0131-0

Ⅰ.①国… Ⅱ.①刘… ②刘… Ⅲ.①岛－国外－图
集 Ⅳ.①P74-64

中国版本图书馆 CIP 数据核字 (2018) 第 140887 号

责任编辑：苏　勤
责任印制：赵麟苏

海洋出版社 出版发行
http://www.oceanpress.com.cn
北京市海淀区大慧寺路 8 号　　邮编：100081
北京朝阳印刷厂有限责任公司印刷　　新华书店经销
2018 年 6 月第 1 版　2018 年 6 月北京第 1 次印刷
开本：889 mm × 1194 mm　1 / 16　印张：6.75
字数：160 千字　　定价：98.00 元
发行部：010-62132549　邮购部：010-68038093　总编室：010-62114335
海洋版图书印、装错误可随时退换

《国外区域海岛图集》编写组

组　长：刘芳明　　刘大海

成　员：刘芳明　　刘大海　　王春娟　　于　莹

　　　　王　晶　　马雪健　　江　寒　　李先杰

　　　　徐　孟　　安晨星　　李　森　　欧阳慧敏

本书项目资助

国家海洋局项目"权益海岛管理调研与政策研究"(2200204)

国家海洋局专项"第二次全国海岛资源综合调查 —— 南海权益海岛资料收集与分析"(SY0615002)

国家海洋局项目"全球主要海洋航道自然环境和周边国家经济社会发展状况调研"(DC0316023)

"南北极环境综合与考察评估专项"(CHINARE2015-03-02)

海洋公益性行业科研专项"岛群综合开发风险评估与景观生态保护技术及示范应用"(201305009)

PREFACE | 序

　　《联合国海洋法公约》的生效和 200 海里专属经济区制度的确立，使得沿海各国对全球海洋的争夺日益激烈，其中海洋划界与岛屿主权成为各国海洋争端的焦点。《联合国海洋法公约》确定的岛屿制度中，海岛在条件满足的情况下可以同大陆一样，拥有 12 海里的领海、200 海里专属经济区和公约规定的更加广阔的大陆架，因此海岛的价值不仅包括岛屿本身（岛、沙洲和沙滩等）的价值，还会涉及到海岛周围大片的海域以及其中海洋资源的价值。

　　岛屿关系国家主权、海洋安全、海洋资源能源开发等重大问题，因此被众多国家赋予重要意义。这些国家使用多种手段对岛屿实施利用和实际管控：对于主权明确的岛屿，采取发展岛屿经济、加强军事建设、重视生态保护等手段，以巩固和扩大海洋权益；对于主权尚不明确的岛屿，相关国家不惜斥巨资"护岛造岛"，或采取调控人口、重点建设、部署武装力量等方式，谋取海洋领土的扩张和实际管控。

　　太平洋岛屿众多，主要分布于西部和中部海域，其中一些岛屿因地理位置特殊，自然资源丰富而备受关注，其在地区或全球历史演变中曾发挥过或正在发挥着重要作用；其他一些岛屿因涉及国家主权和领土完整，是当事各国争夺的对象。这些岛屿在国家中的地位越来越重要，成为各国政府和学者研究的重点对象。

　　本图集选取太平洋重要海岛，对其自然地理和社会经济状况进行了概括性介绍，包括岛屿的地理位置、面积、气候、地形地貌、植被及人口、政治和经济概况等。针对其他地区主权尚不明确的岛屿，介绍了争议各方、争端内容和演变，从当事国对争议海岛的态度、实际管控方式等方面进行了归纳。本图集为了解世界海岛基础地理、社会经济和历史文化提供了基础资料。

编写组

2017年1月

CONTENTS | 目 录

（一）太平洋区域海岛

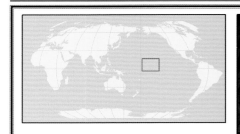

　　1802 年巴尔米拉环礁被美国船只"帕尔迈拉"号发现。1862 年被夏威夷王国兼并。1889 年被英国吞并。1898 年依据美国国会的一项法案，帕尔迈拉（巴尔米拉环礁亦译帕尔迈拉环礁）被列入夏威夷群岛。1912 年被并为其一部分。第二次世界大战期间，中央的潟湖与相连的小岛被用作飞机起落场地。1959 年夏威夷成为美国一个州时，帕尔迈拉未被纳入。这片曾出产椰干的环礁现为私人地产，但归美国内政部管辖。据网络资料显示，岛上有一家商店，一家游艇俱乐部和一个私人机场。

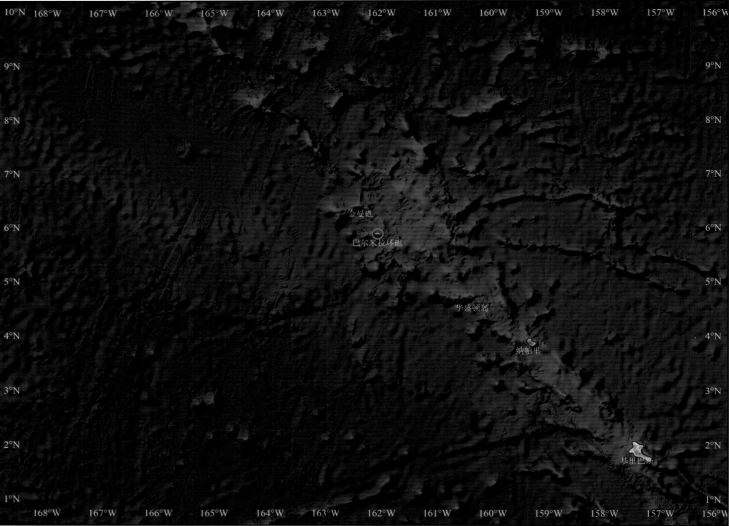

0　　　150　　　300　千米

WGS 1984 Web Mercator

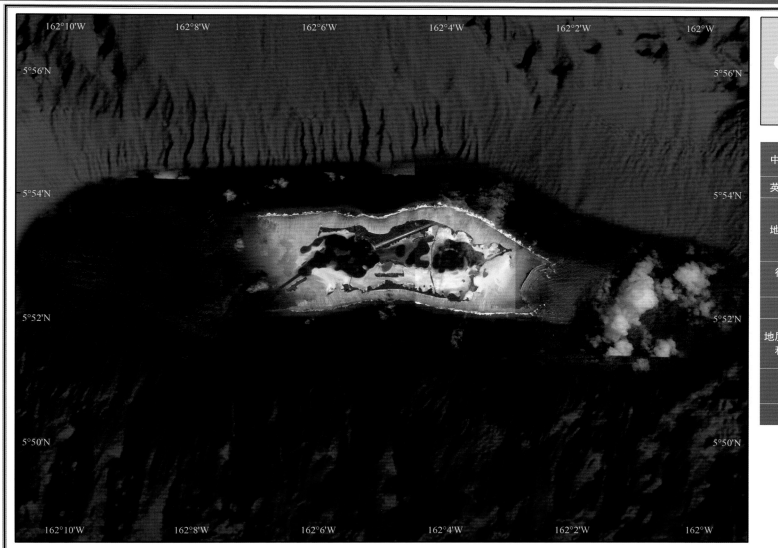

中文名称	巴尔米拉环礁，亦译帕尔迈拉环礁
英文名称	Palmyra Atoll，原名 Samarang
地理位置	北纬 5 度 52 分，西经 162 度 6 分。位于莱恩群岛北部、金曼礁以南，在夏威夷群岛以南约 1 600 千米处
行政区类别	美国唯一的合并领土和非宪辖领土，领土属私人所有
面积	11.9 平方千米
地质、地形和地貌	包含 50 个小岛，总面积 11.9 平方千米，平均高度仅 2 米
生物	环礁附近的海水非常适合珊瑚生长
人口	暂无常住居民

0　　2　　4　千米

WGS 1984 Web Mercator

北马里亚纳群岛

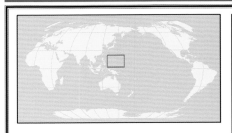

1521 年北马里亚纳群岛被葡萄牙航海家麦哲伦发现。1565 年被西班牙占领。1899 年西班牙将北马里亚纳群岛卖给德国。第一次世界大战爆发后，该岛被日本统治。1944 年被美国占领。1947 年联合国将北马里亚纳群岛交美国托管。

1986 年美国宣布北马里亚纳群岛获得美国的联邦地位，居民获得美国公民权。1990 年 12 月正式成为美国的一个自由联邦。第一大岛塞班岛南端有美国空军基地。第二大岛提尼安岛上也有美军基地。塞班和罗塔设有国际机场，天宁也设有一个机场。岛上有一个博物馆和图书馆，还有公立海滨公园和禁猎地以及两处高尔夫球场。媒体方面，有两家地方周报和关岛日报，有电视台和广播电台。

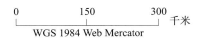

千米

WGS 1984 Web Mercator

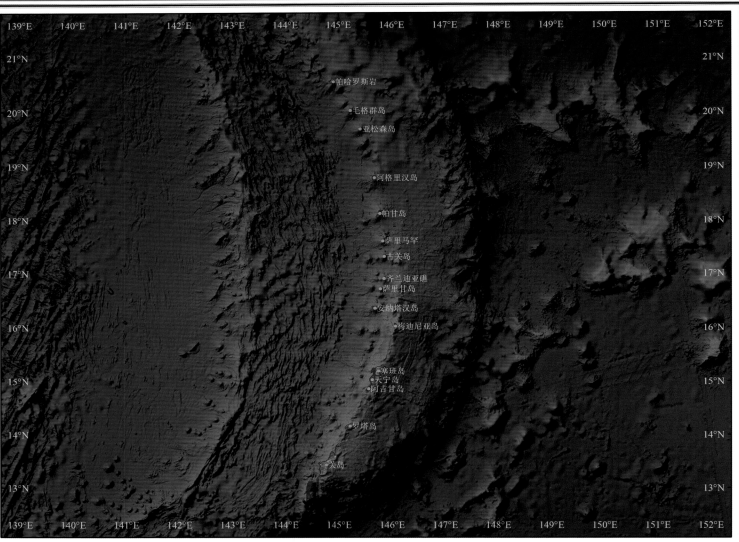

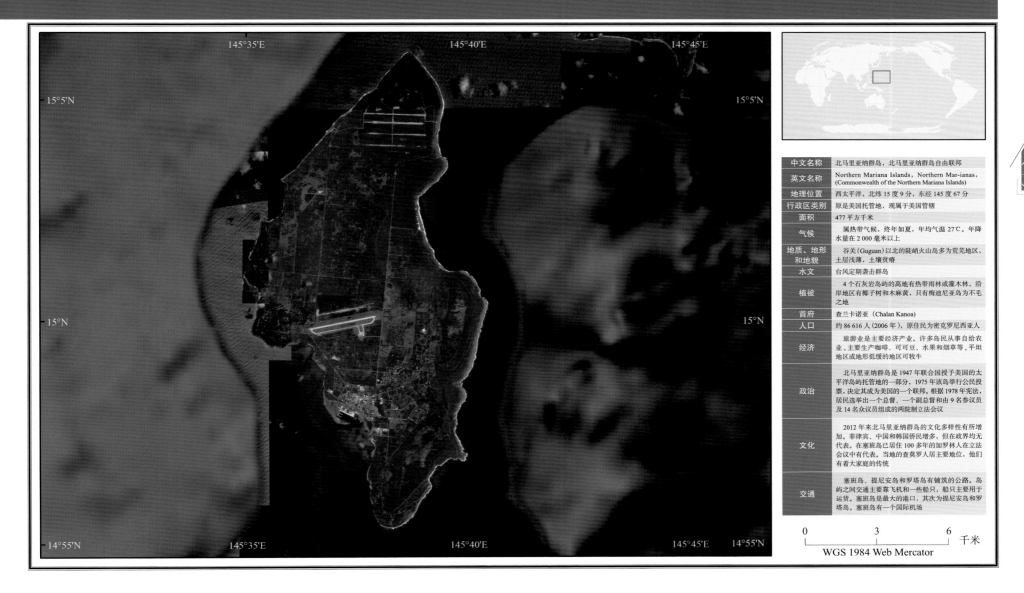

太平洋区域海岛

145°35'E	145°40'E	145°45'E

15°5'N · 15°5'N

太平洋区域海岛

15°N · 15°N

14°55'N · 145°35'E · 145°40'E · 145°45'E · 14°55'N

中文名称	北马里亚纳群岛，北马里亚纳群岛自由联邦
英文名称	Northern Mariana Islands，Northern Mar-ianas，(Commonwealth of the Northern Mariana Islands)
地理位置	西太平洋，北纬 15 度 9 分，东经 145 度 67 分
行政区类别	原为美国托管地，现属于美国管辖
面积	477 平方千米
气候	属热带气候，终年如夏，年均气温 27℃。年降水量在 2 000 毫米以上
地质、地形和地貌	谷关 (Guguan) 以北的陡峭火山岛多为荒芜地区，土层浅薄，土壤贫瘠
水文	台风定期袭击群岛
植被	4 个石灰岩岛屿的高地有热带雨林或灌木林，沿岸地区有椰子树和木麻黄，只有梅迪尼亚岛为不毛之地
首府	查兰卡诺亚 (Chalan Kanoa)
人口	约 86 616 人 (2006 年)，原住民为密克罗尼西亚人
经济	旅游业是主要经济产业，许多岛民从事自给农业，主要生产咖啡、可可豆、水果和烟草等，平坦地区或地形低缓的地区可牧牛
政治	北马里亚纳群岛是 1947 年联合国授予美国的太平洋岛屿托管地的一部分，1975 年该岛举行公民投票，决定其成为美国的一个联邦。根据 1978 年宪法，居民选举出一个总督、一个副总督和由 9 名参议员及 14 名众议员组成的两院制立法会议
文化	2012 年来北马里亚纳群岛的文化多样性有所增加。菲律宾、中国和韩国侨民增多，但在政界均无代表。在塞班岛已居住 100 多年的加罗林人在立法会议中有代表。当地的查莫罗人居主要地位，他们有着大家庭的传统
交通	塞班岛、提尼安岛和罗塔岛有铺筑的公路。岛屿之间交通主要靠飞机和一些船只，船只主要用于运送。塞班岛是最大的港口，其次为提尼安岛和罗塔岛。塞班岛有一个国际机场

0   3   6 千米

WGS 1984 Web Mercator

贝克岛

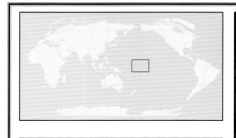

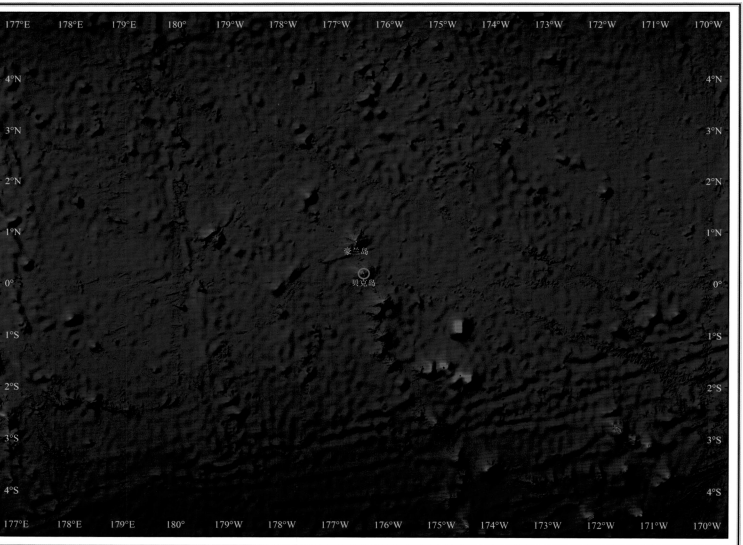

　　19世纪下半叶，美国人和英国人开始在贝克岛采集鸟粪。1935年，美国人在贝克岛建立居民点（"二战"期间撤废），并在贝克岛修建了一座灯塔。翌年，贝克岛划归美国内政部管辖。1942年，美国人在遭日军攻击后撤离。1943年，美军在贝克岛建立了空军基地，战后废弃。1990年，美国国会曾立法建议将贝克岛置于夏威夷州管辖。无常住居民，通常只对科学家和研究人员开放。

0　　　　150　　　　300　千米

WGS 1984 Web Mercator

中文名称	贝克岛。旧称新南塔克特岛 (New Nantucket) 或菲比岛 (Phoebe Island)
英文名称	Baker Island
地理位置	北纬 0 度 13 分，西经 176 度 31 分，中太平洋赤道稍北的环礁
行政区类别	贝克岛是美国的无建制领地，无人居住，美国负责保卫
面积	陆地面积约 1.18 平方千米
地质、地形和地貌	环礁，高 8 米，长 1.6 千米，宽 1.1 千米，为一土壤贫瘠的荒岛
首府	无
人口	无居民
政治	贝克岛是美国国家野生动物保护体系的一部分，由美国内政部鱼类和野生动物服务机构负责管理。美国声称在贝克岛周边拥有领海和专属经济区

0   0.25   0.5   千米

WGS 1984 Web Mercator

关　岛

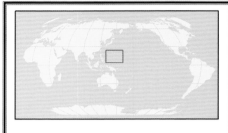

　　关岛位于马里亚纳群岛最南端，面积549平方千米，是美国海外属地。美国对关岛的建设始于军事考虑。1898年美西战争后美国夺得关岛，并开始在岛上建立军事基地。1944年建立后勤基地、潜艇基地和空军基地。冷战时期，关岛成为美在西太平洋上最重要的军事基地：北部建有安德森战略空军基地，中部的阿普拉人工港建有战略导弹潜艇基地，首府阿加尼亚建有海军航空兵站等。

　　冷战结束后，美军一度缩减该岛的兵力与基地数量。从2000年起，美军突然再度重视关岛。在中国的综合实力不断增强，日本、俄罗斯、韩国等亚太国家的国际地位也不断提高的情况下，美国迫不及待地加强关岛的军力，除原有军事设施外，还配备了各类战斗机和先进武器，同时将它作为航母母港。

　　目前，关岛是美国与日本、菲律宾间的联络站，美国同东北亚、东南亚和澳大利亚之间的海空交通线和海底电缆均从此处通过。旅游业是关岛的支柱产业，第一、第二、第三产业相应的生产设施及居民生产生活的基础设施完备。

0　　　　150　　　　300 千米

WGS 1984 Web Mercator

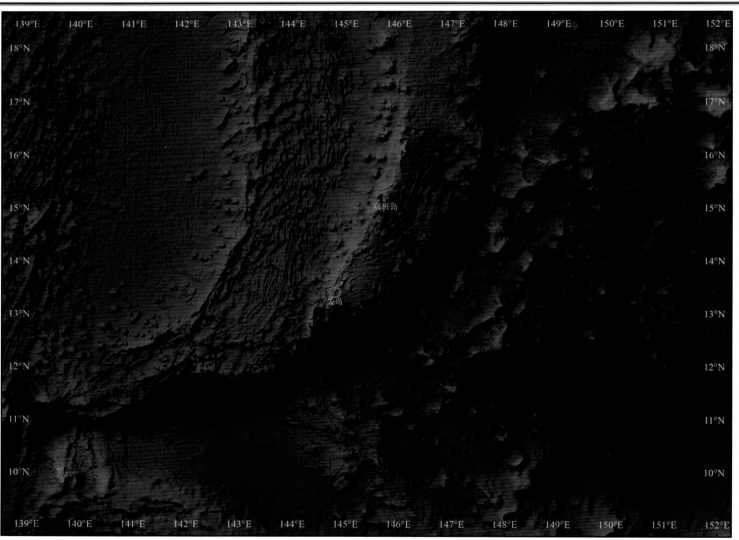

中文名称	关岛
英文名称	The Territory of Guam
地理位置	北纬 13 度 26 分，东经 144 度 43 分
行政区类别	美国海外属地，非宪辖管制领土，被联合国列为非自治领土
面积	549 平方千米
气候	属热带季风气候，年平均气温 26 ~ 27℃，年降水量在 2 000 毫米以上
地质、地形和地貌	关岛呈长条形，腰部狭窄。地势南高北低，南半部是火山岩山地，兰兰山为最高峰，西南沿海有小片平原；北半部为珊瑚灰岩台地
水文	河流集中于南部，大多短小湍急。海岸陡峭，港湾较多，近岸水浅多礁
植被	岛上多热带雨林
首府	阿加尼亚
人口	约 17.84 万人 (2010 年)，原住民查莫罗人约占 37.1%，其余主要为菲律宾人和来自美国大陆的移民，还有密克罗尼西亚人、关岛土著人及亚裔等
经济	关岛收入主要依靠旅游业和美军在该岛海空基地的开支。工业以炼油、纺织和食品加工为主；农产品多为蔬菜、水果、禽蛋和肉类
政治	1950 年美国国会通过关岛组织法 (Organic Act)，给予关岛原住民和 1950 年以后出生的人美国公民权，但无全国选举权。1968 年修改关岛组织法，规定由民选产生民政长官和副长官，任期 4 年
文化	官方语言为英语，查莫罗语、日本语、韩语、菲律宾语及汉语有一定使用人群；移动电话的服务区覆盖了全岛的大部分地区，数字用户回路和有线电视方式的网络建设十分完善
交通	安东尼奥·汪帕特国际机场为关岛门户。关岛与美国本土间没有直飞航班，需经转夏威夷檀香山，每日航班来往北马里亚纳群岛附近等；关岛的公共汽车系统规模有限，利用率不高，大多数的居民依赖私家车代步

0   8   16   千米

WGS 1984 Web Mercator

豪兰岛

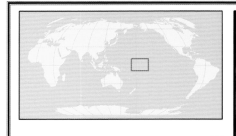

　　19世纪下半叶，美国人和英国人开始在豪兰岛采集鸟粪。1935年，美国人在岛上建立居民点（"二战"期间撤废）。翌年，豪兰岛划归美国内政部管辖。1937年，美国在豪兰岛修建了一个简易机场，现已不用。1942年，美国人在遭日军攻击后撤离。1990年，美国国会曾立法建议将豪兰岛置于夏威夷州管辖。

　　如今豪兰岛是美国国家野生动物保护体系的一部分，由美国内政部鱼类和野生动物服务机构负责管理。它还是夏威夷和澳大利亚之间的航空中间站，美国海岸警卫队每年对豪兰岛进行巡视。

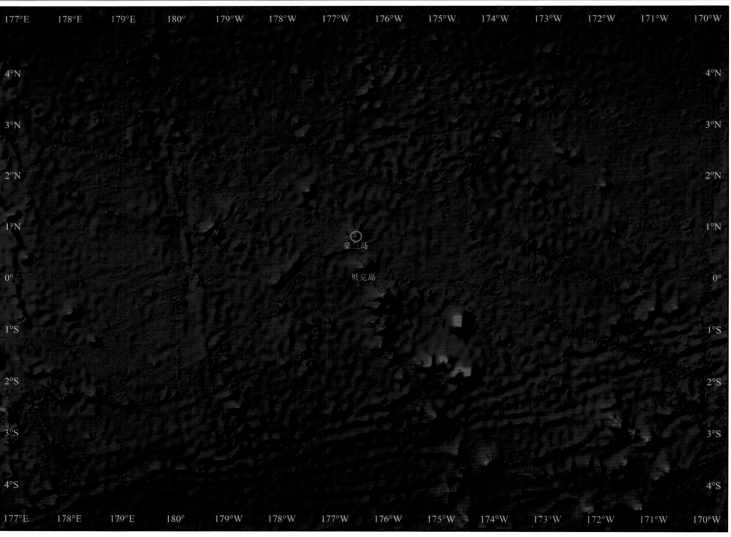

国外区域海岛图集

中文名称	豪兰岛
英文名称	Howland Island
地理位置	北纬 0 度 48 分，西经 176 度 38 分。位于赤道之上的中太平洋区域
行政区类别	美国领地
面积	约为 1.82 平方千米
气候	赤道气候，少雨，多风
地质、地形和地貌	海岸线长 6.4 千米，陆地最高点为海平面以上 3 米，地势低平，四周暗礁环绕
水文	无淡水资源
人口	无人居住
交通	岛上无港口，仅有小船停泊区

太平洋区域海岛

0   0.5   1 千米
WGS 1984 Web Mercator

11

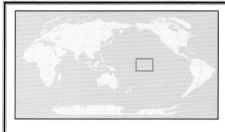

英国人在1821年首次发现贾维斯岛，但是在鸟粪石开采殆尽后于1879年停止一切作业。英国政府在1889年曾经对其宣示主权，但没有进一步动作。美国于1935年占领并宣示主权，但是第二次世界大战之后无暇顾及，岛屿变成野生动植物保留区。该岛西海岸设立一座灯塔，没有天然淡水。

美国曾于1935年在此建立了名为米勒什维尔的定居点，作为气象站使用，"二战"期间撤废，1957年在国际地球物理年时曾被科学家再度使用过。1974年，美国宣布该岛为野生动物保护地，由美国内政部管辖。1990年，美国国会有关立法建议将该岛置于夏威夷州管辖。如今仍由美国内政部的鱼类和野生动物服务机构管理，一般只对科学家和研究人员开放。美国海岸警卫队每年巡视此岛。

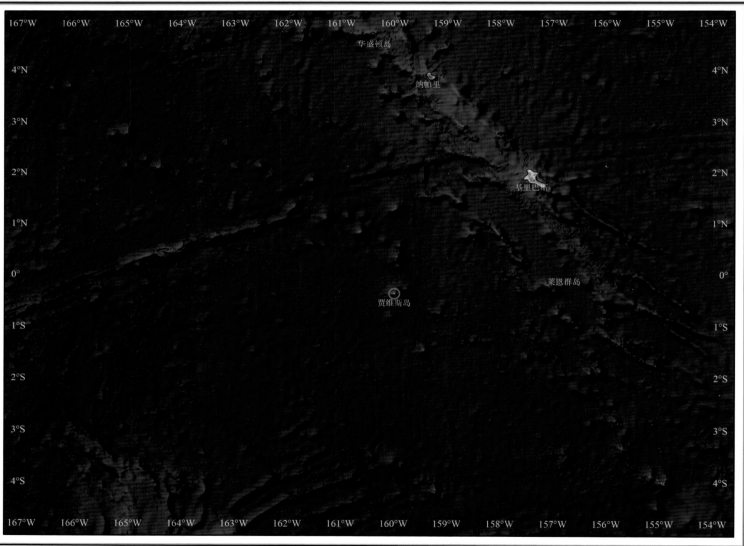

0　　150　　300　千米

WGS 1984 Web Mercator

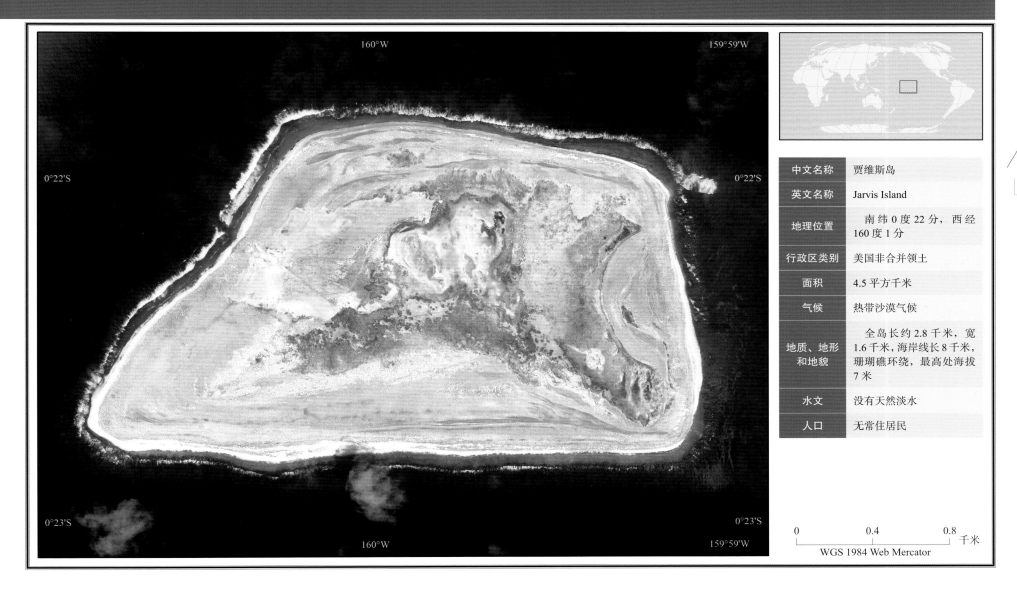

160°W   159°59'W

0°22'S   0°22'S

0°23'S   0°23'S

160°W   159°59'W

中文名称	贾维斯岛
英文名称	Jarvis Island
地理位置	南纬 0 度 22 分，西经 160 度 1 分
行政区类别	美国非合并领土
面积	4.5 平方千米
气候	热带沙漠气候
地质、地形和地貌	全岛长约 2.8 千米，宽 1.6 千米，海岸线长 8 千米，珊瑚礁环绕，最高处海拔 7 米
水文	没有天然淡水
人口	无常住居民

0   0.4   0.8   千米

WGS 1984 Web Mercator

太平洋区域海岛

13

金曼礁

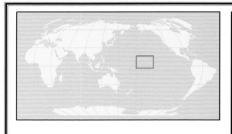

金曼礁是一座极为美丽的岛礁，但是现在不对公众开放。因此，这片海域的珊瑚礁生态系统基本未受外界影响。美国确定金曼礁为美国的"国家海洋保护区"，现受到保护。据报道，2007 年，一名潜水员发现了金曼礁上巨大的珊瑚群。如今，金曼礁已成为美国国家海洋保护区的一部分。

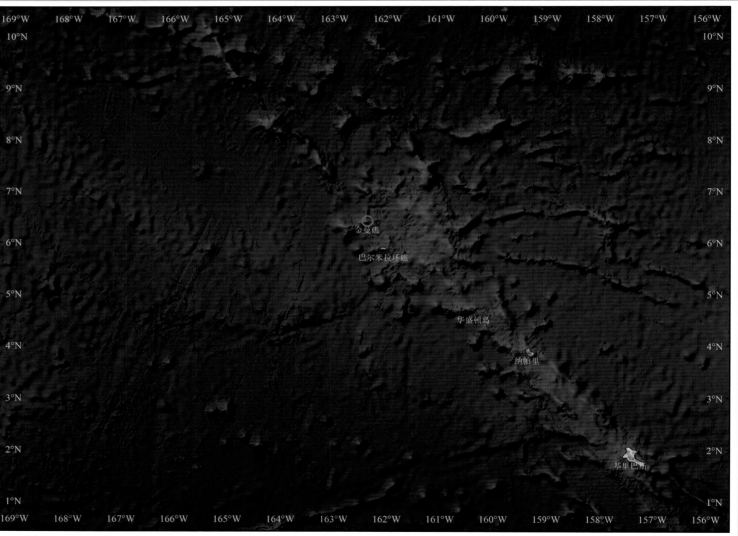

0　　　150　　　300　千米

WGS 1984 Web Mercator

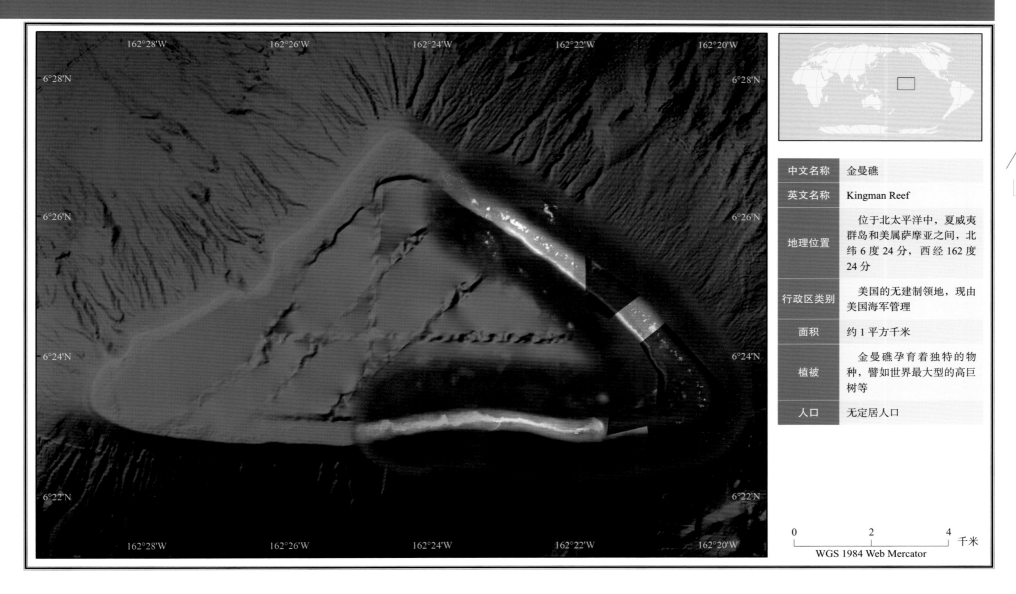

中文名称	金曼礁
英文名称	Kingman Reef
地理位置	位于北太平洋中，夏威夷群岛和美属萨摩亚之间，北纬6度24分，西经162度24分
行政区类别	美国的无建制领地，现由美国海军管理
面积	约1平方千米
植被	金曼礁孕育着独特的物种，譬如世界最大型的高巨树等
人口	无定居人口

太平洋区域海岛

0   2   4 千米

WGS 1984 Web Mercator

夸贾林环礁

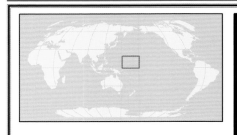

夸贾林环礁，美国海军、空军基地和反导弹基地。该环礁现属马绍尔群岛共和国，由美国租借其中的 11 座岛礁。夸贾林岛、罗伊 (Roi) 岛和那慕尔 (Namur) 岛是第二次世界大战期间马绍尔群岛中被美军占领的第一批岛屿。环礁用作港口和航空站，部分地方划归美国军事测试基地。1944 年美国取得夸贾林环礁，作为夸贾林导弹发射场。

夸贾林环礁架设一座地面注入站，可用来支援全球定位系统 (GPS) 的军事计划运行系统。美国陆军借由可用的科技并争取贸易以换取建发射场的费用。夸贾林岛为夸贾林环礁中最南也是最大的岛。

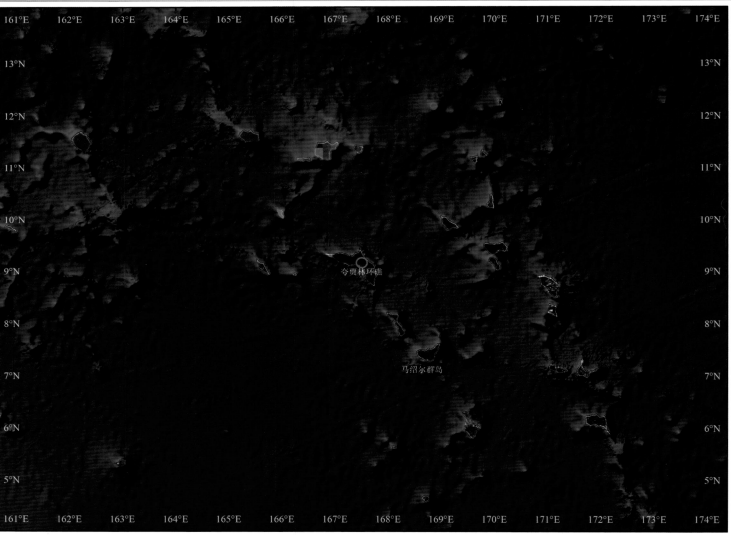

0   150   300 千米

WGS 1984 Web Mercator

中文名称	夸贾林环礁
英文名称	Kwajalein Atoll
地理位置	北纬 8 度 43 分至 9 度 25 分，东经 167 度 44 分至 167 度 50 分
行政区类别	现属马绍尔群岛共和国，由美国租借其中的 11 座岛礁
面积	陆地面积 15 平方千米，礁湖面积达 1 684 平方千米
地质、地形和地貌	夸贾林环礁由大约 97 座小岛组成，环绕着世界最大的环礁湖
人口	约 4 000 人

太平洋区域海岛

0   10   20 千米
WGS 1984 Web Mercator

马绍尔群岛

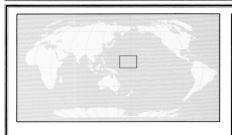

　　1885 年，德国占领马绍尔群岛，受德属新几内亚保护，第一次世界大战时被日本占领，后由日本托管。1944 年，美国攻占马绍尔群岛，战后联合国将其交由美国进行托管，该岛成为太平洋群岛托管地其中一区。据消息称，1946 年至 1968 年间，美国建立太平洋试验场，曾在马绍尔群岛上进行多达 66 次的核子试爆。1979 年，马绍尔群岛否决《密克罗尼西亚联邦宪法》公投，自行成立自治政府并准备建国。

　　1986 年，与美国签订《自由联合条约》，同年 10 月 21 日宣布独立。

　　1991 年，联合国终止美国托管，接纳马绍尔群岛共和国为会员国。

　　马绍尔群岛首都和伊拜岛各有一所医院。岛上有卫星通信设备。有 3 个电视台，其中 1 个是商业电台，由政府管辖。另外 2 个是夸贾林岛军事基地美国军方电视台。

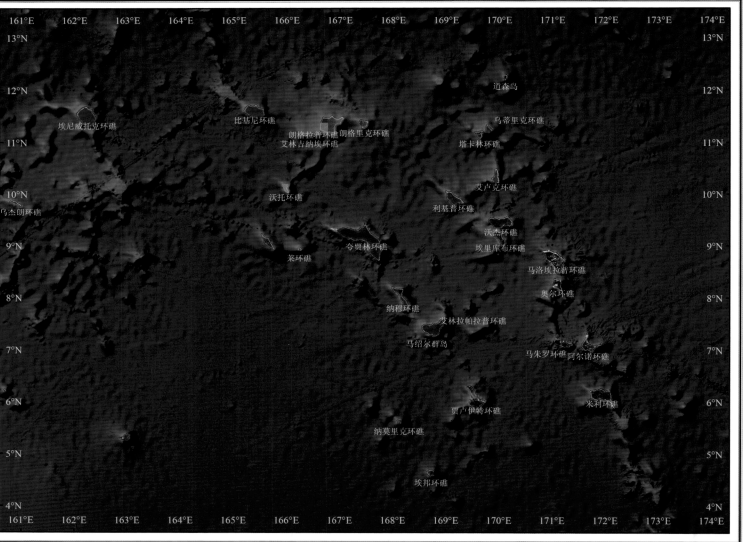

0　　　　150　　　　300　千米

WGS 1984 Web Mercator

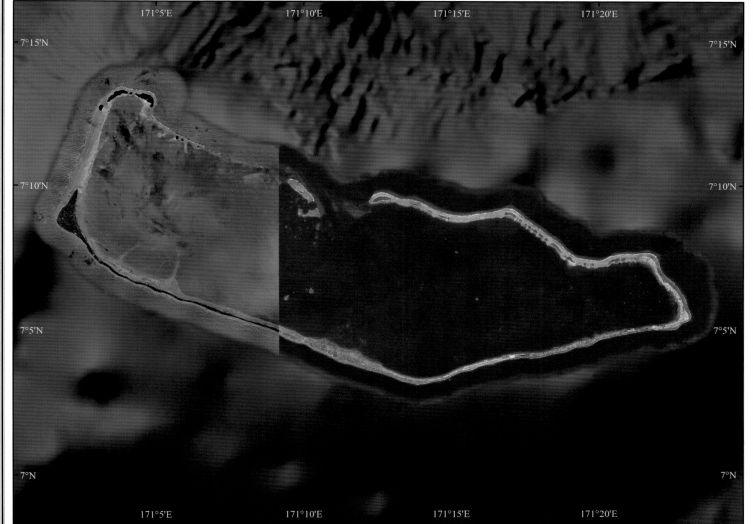

中文名称	马绍尔群岛
英文名称	Marshall Islands
地理位置	位于太平洋中部,在夏威夷西南约 3 200 千米和关岛东南约 2 100 千米处。北纬 7 度 7 分,东经 171 度 4 分
行政区类别	马绍尔群岛共和国,总统制共和制国家
面积	181.3 平方千米
气候	属热带气候,年均气温 27℃,年均降雨量为 3 350 毫米,5—11 月为雨季,12 月至翌年 4 月为旱季
地质、地形和地貌	马绍尔由 29 个环礁岛群和 5 座偏远小岛共 1225 个大小岛屿组成。主要岛礁有 34 个。最著名的是贾卢伊特环礁,它由 90 多个珊瑚礁小岛围成,一个椭圆形的环礁,长 80 千米,宽 20 千米,总面积为 1 700 平方千米,是世界上最大的环礁之一。 群岛均为珊瑚岛群,分布在 200 多万平方千米的海域上,形成西北—东南走向的两列链状群岛,东部为日出群岛(拉塔克群岛),西部为日落群岛(拉利克群岛),中间相隔约 208 千米
主要环礁	比卡尔环礁(马绍尔群岛中最小的一个环礁)由 5 个小岛(Bikar、Jabwelo、Almani、Jabwelo 和 Jaboero)组成,土地面积不到 0.5 平方千米,但这些岛屿围绕而成的浅水湖面积却有 37 平方千米。 奥尔环礁属于拉塔克群岛,是一个小型环礁,岛屿间相互连接形成了一个面积 240 平方千米的大湖泊(深 80 多米)。 阿尔诺环礁是马绍尔群岛中一个主要的环礁,在环礁上有一被礁石圈起来的大湖泊,深 339 米。 艾卢克环礁上有一被礁石圈起来的湖泊,有 3 个通往湖泊的入口:Erappu 海峡、Marok 海峡和 Eneneman 海峡。 艾林吉纳埃由一个大湖泊构成。地势低洼,只高出海平面数米。在岛上有两个能进入艾林吉纳埃大湖泊的入口——Mogiri 通口和 Eniibukku 通口,它们的宽度分别为 1.448 1 千米和 0.482 7 千米

0   5   10 千米

WGS 1984 Web Mercator

太平洋区域海岛

美属萨摩亚群岛

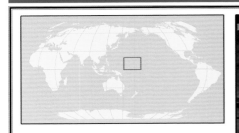

1722 年荷兰探险家成为造访美属萨摩亚群岛的首批欧洲人。19 世纪 30 年代传教团开始抵达这些群岛。1878 年美国取得在帕果帕果建立海军基地的权利，1889—1899 年该群岛归美国、英国、德国 3 国共管。1904 年酋长们将东部岛屿割给美国。这些岛屿原由美国海军管辖，直到 1951 年才转交给美国内政部。

岛上有 23 所小学，6 所中学，由美属萨摩亚教育部经营。美属萨摩亚社区学院，成立于 1970 年，在岛上提供高等教育。

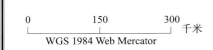

0　　　150　　　300　　千米

WGS 1984 Web Mercator

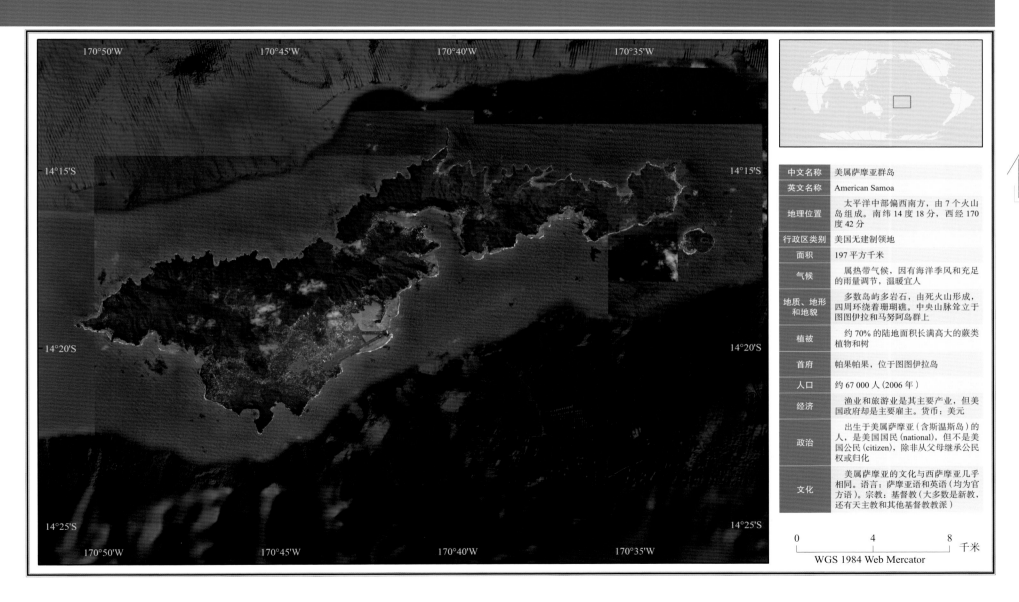

中文名称	美属萨摩亚群岛
英文名称	American Samoa
地理位置	太平洋中部偏西南方，由7个火山岛组成。南纬14度18分，西经170度42分
行政区类别	美国无建制领地
面积	197平方千米
气候	属热带气候，因有海洋季风和充足的雨量调节，温暖宜人
地质、地形和地貌	多数岛屿多岩石，由死火山形成，四周环绕着珊瑚礁。中央山脉耸立于图图伊拉和马努阿岛群上
植被	约70%的陆地面积长满高大的蕨类植物和树
首府	帕果帕果，位于图图伊拉岛
人口	约67 000人（2006年）
经济	渔业和旅游业是其主要产业，但美国政府却是主要雇主。货币：美元
政治	出生于美属萨摩亚（含斯温斯岛）的人，是美国国民（national），但不是美国公民（citizen），除非从父母继承公民权或归化
文化	美属萨摩亚的文化与西萨摩亚几乎相同。语言：萨摩亚语和英语（均为官方语）。宗教：基督教（大多数是新教，还有天主教和其他基督教教派）

太平洋区域海岛

0   4   8 千米

WGS 1984 Web Mercator

塞班岛

塞班岛在 16 世纪到 19 世纪被西班牙统治。据相关报道称，马里亚纳群岛的原住民查莫罗人曾被西班牙殖民者强迁至关岛。后来查莫罗人获准重新从关岛北迁时，塞班早已有加罗林群岛人定居。

塞班岛的建设始于日本托管时期，主要发展糖业与渔业。自 20 世纪 30 年代起，太平洋局势紧张，日本在此构筑重型工事以资防守，1941 年此处部署日军达 3 万人，成为 12 月 8 日（与珍珠港事件同日）袭击美属关岛的主力。

1947 年，联合国授权成立太平洋岛屿托管地（Trust Territory of the Pacific Islands），由美国管治，并以塞班为首府。1962 年，托管地中的马里亚纳区居民公投，通过了与关岛合并的提案。1975 年，双方签订"盟约"（covenant）。1978 年 1 月，"北马里亚纳群岛邦"成立，并成立自治政府，1986 年 11 月正式成为美国领土。

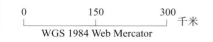

WGS 1984 Web Mercator

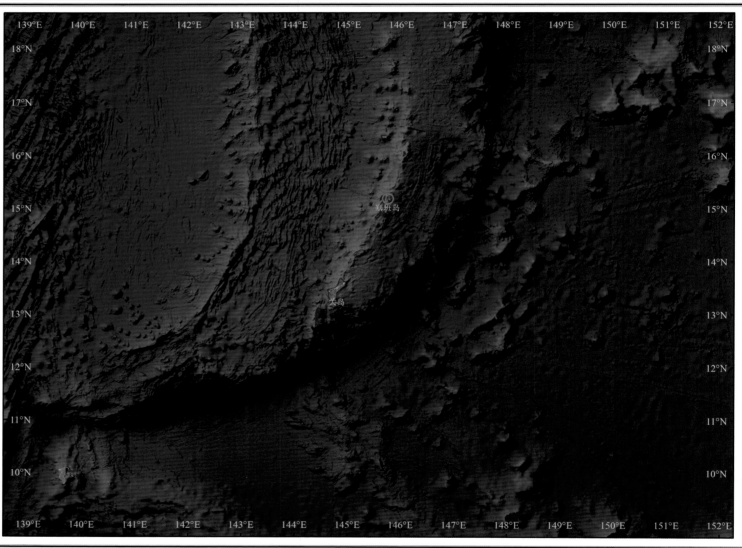

中文名称	塞班岛
英文名称	Saipan Island
地理位置	西太平洋北马里亚纳群岛一岛。北纬 15 度 12 分，东经 145 度 43 分
行政区类别	属地首府，海外领地
面积	122 平方千米
气候	热带海洋性气候
地质、地形和地貌	该岛为珊瑚岛，沿西海岸有潟湖，山脉南北延伸。最高点塔波查山（Mount Tagpochau）海拔 479 米
首府	北马里亚纳群岛自由邦的行政中心是塞班岛的卡皮托尔希尔，但由于整个塞班岛是一个单独的市，所以大部分出版物把塞班岛称作北马里亚纳群岛的首府
人口	52 000 人（2004 年），其中 1 万多人为华裔
经济	成衣制造业 20 世纪 80 年代在塞班迅速发展，依赖外籍劳动力，其他行业也非常依赖外籍劳动力，例如菲律宾籍家佣和南亚裔保安员等。塞班岛另一项经济主力为旅游业。塞班岛的农业虽不及旅游业和外劳的经济实力，但在区内相对算较发达
政治	属于美国北马里亚纳群岛自由联邦。1986 年正式加入美国，国防和外交受美国政府统一管辖。据相关报道显示，2009 年 11 月 28 日，移民和劳工事务由美国管理。政体为总统代议民主制，行政、立法、司法三权分立。总督为政府首脑，实行多党制。总督及上下议员亦是由选民选举产生
文化	塞班岛的文化结合了美国的基督文化、西班牙影响下的天主文化及当地的查莫鲁传统文化，呈现一种多元化发展的西方文化。当地官方语言为英语，土著语言为查莫洛语及卡若兰语
交通	机场：塞班科布勒国际机场。内部交通为小型飞机和巴士

太平洋区域海岛

0   4   8
千米

WGS 1984 Web Mercator

圣劳伦斯岛

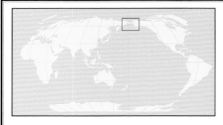

　　1728 年圣劳伦斯岛被白令发现。气候严寒，苔原景观。海岸住有少量因纽特人（爱斯基摩人），以渔猎为生。
　　由于人口较少，气候严寒，社会要素较少。

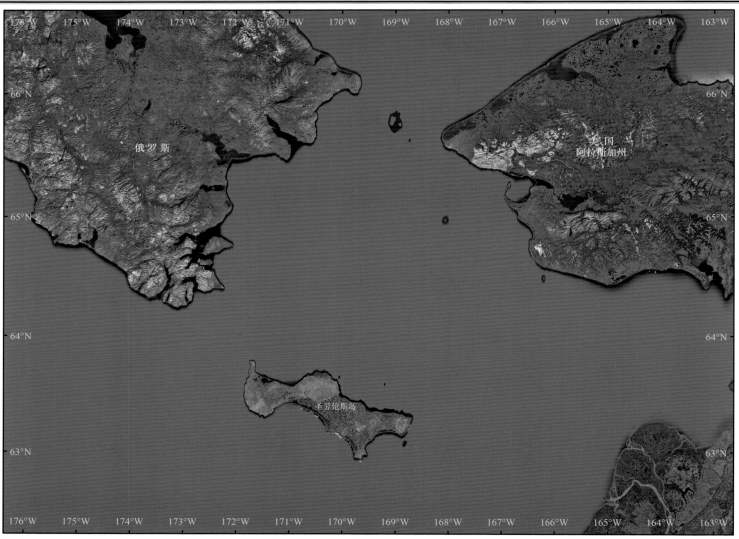

俄罗斯

美国
阿拉斯加州

圣劳伦斯岛

0　　　150　　　300　千米
WGS 1984 Web Mercator

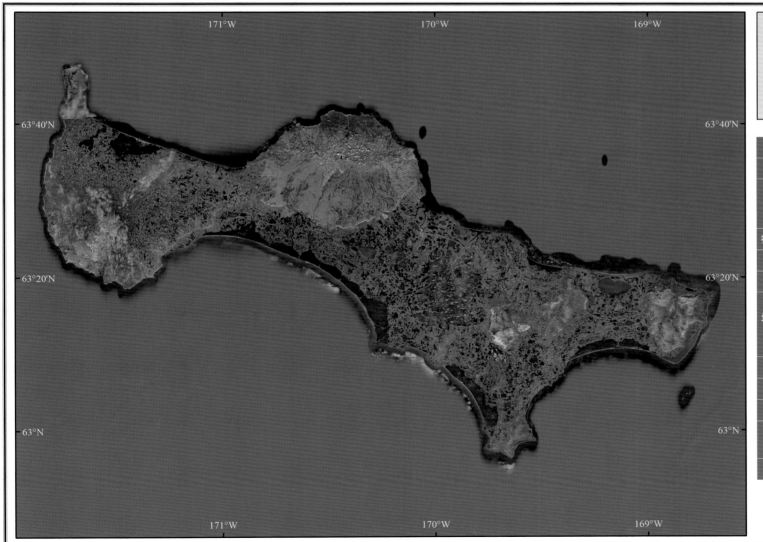

中文名称	圣劳伦斯岛
英文名称	St. Lawrence Island
地理位置	位于阿拉斯加大陆以西的白令海。北纬63度24分，西经170度10分
行政区类别	美国岛屿
面积	4 640 平方千米
气候	气候严寒，苔原景观
地质、地形和地貌	美国火山岛，长约150千米，宽15～55千米。是该国第六大岛屿，最高点海拔高度631米
植被	苔原地貌
首府	由阿拉斯加州负责管辖
人口	约100人 (2000年)
经济	海岸住有少量因纽特人（爱斯基摩人），以渔猎为生
文化	因纽特文化

太平洋区域海岛

0   40   80 千米

WGS 1984 Web Mercator

夏威夷群岛

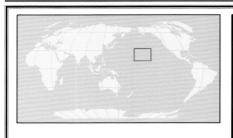

夏威夷群岛作为美国唯一的群岛州，社会要素丰富。

美国早期对夏威夷的利用，主要出于军事方面的考虑。1898 年美国吞并该群岛后，逐步将珍珠港建为海军基地，并在瓦胡岛及其周围小岛修建多处军事基地和军用机场。"珍珠港事件"后，美国在群岛上大力扩建军事设施，目前，建有大小军事设施 110 多处，大部分在瓦胡岛上。在各大岛和边远设防地区也有规模不等的军事基地，以及机场、导弹靶场、训练营地、各种研究所、试验站和海军靶场。

夏威夷已建成将各岛与大陆连接的光缆、海底电缆和先进的信息与通信设施。夏威夷群岛拥有距美国本土最近的深水良港——珍珠港，是亚洲、美洲和大洋洲间海、空运输枢纽。

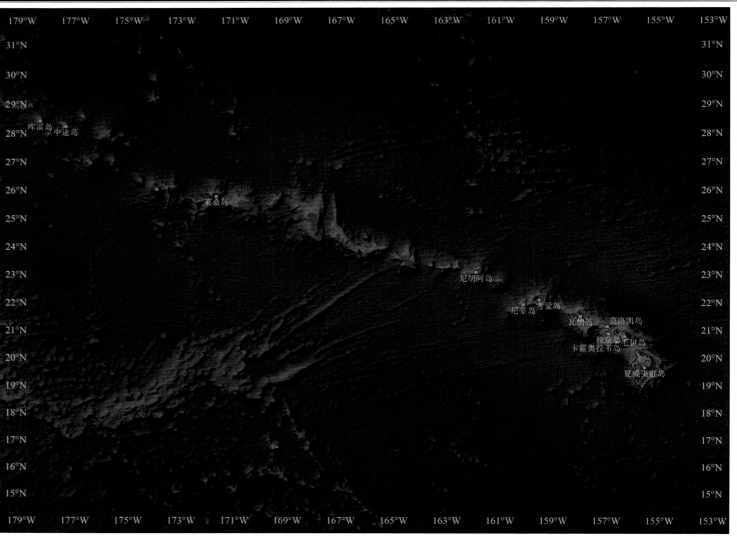

0   300   600 千米

WGS 1984 Web Mercator

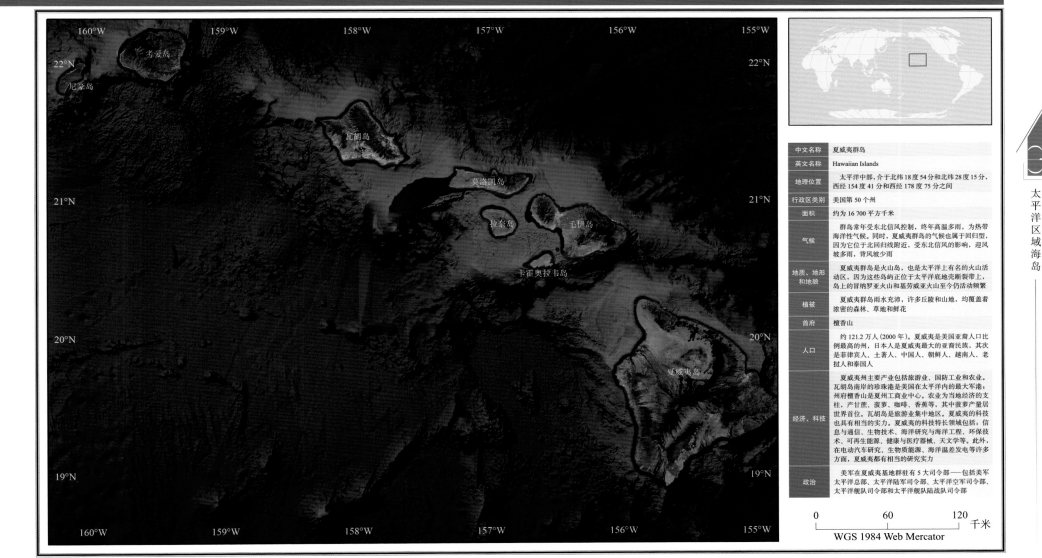

中文名称	夏威夷群岛
英文名称	Hawaiian Islands
地理位置	太平洋中部，介于北纬18度54分和北纬28度15分，西经154度41分和西经178度75分之间
行政区类别	美国第50个州
面积	约为16 700平方千米
气候	群岛常年受东北信风控制，终年高温多雨，为热带海洋性气候。同时，夏威夷群岛的气候也属于回归型，因为它位于北回归线附近，受东北信风的影响，迎风坡多雨，背风坡少雨
地质、地形和地貌	夏威夷群岛是火山岛，也是太平洋上有名的火山活动区，因为这些岛屿正位于太平洋底地壳断裂带上，岛上的冒纳罗亚火山和基劳威亚火山至今仍活动频繁
植被	夏威夷群岛雨水充沛，许多丘陵和山地，均覆盖着浓密的森林、草地和鲜花
首府	檀香山
人口	约121.2万人（2000年）。夏威夷是美国亚裔人口比例最高的州，日本人是夏威夷最大的亚裔民族，其次是菲律宾人、土著人、中国人、朝鲜人、越南人、老挝人和泰国人
经济、科技	夏威夷州主要产业包括旅游业、国防工业和农业。瓦胡岛南岸的珍珠港是美国在太平洋内的最大军港；州府檀香山是夏州工商业中心。农业为当地经济的支柱，产甘蔗、菠萝、咖啡、香蕉等，其中菠萝产量居世界首位。瓦胡岛是旅游业集中地区。夏威夷的科技也具有相当的实力。夏威夷的科技特长领域包括：信息与通信、生物技术、海洋研究与海洋工程、环保技术、可再生能源、健康与医疗器械、天文学等。此外，在电动汽车研究、生物质能源、海洋温差发电等许多方面，夏威夷都有相当的研究实力
政治	美军在夏威夷基地群驻有5大司令部——包括美军太平洋总部、太平洋陆军司令部、太平洋空军司令部、太平洋舰队司令部和太平洋舰队陆战队司令部

太平洋区域海岛

WGS 1984 Web Mercator

约翰斯顿岛

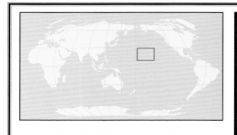

1807 年，英国海军舰长查尔斯·约翰斯顿发现约翰斯顿环礁的主岛（即约翰斯顿岛），后该岛以他的名字命名。1858 年，夏威夷王国和美国对该地区的主权发生争议。1898 年，美国吞并夏威夷王国，约翰斯顿环礁归属美国。1934 年，划归美国海军管辖，并在主岛上修建了海军基地。1941 年，约翰斯顿环礁宣布成为美国海军防务区，建立海军航空兵站。1948 年，划归美国空军管辖。

约翰斯顿环礁（含两个人工小岛屿）归属美国后，美军在"二战"前及期间先后修建了海军基地、海军航空兵站、空军基地、核武器试验区和飞机加油站，后为美国化学武器的储存及处理地，但自 2010 年起上述所有军事设施被废弃。

约翰斯顿岛在 20 世纪 50 年代至 60 年代曾为核武器试验区和飞机加油站。之后到 2000 年，为美国化学武器的储存及处理地。该岛现由美国太平洋空军希卡姆空军基地（Hickam AFB）和内政部鱼类和野生动物服务机构共同管理。

0　　　　300　　　　600 千米

WGS 1984 Web Mercator

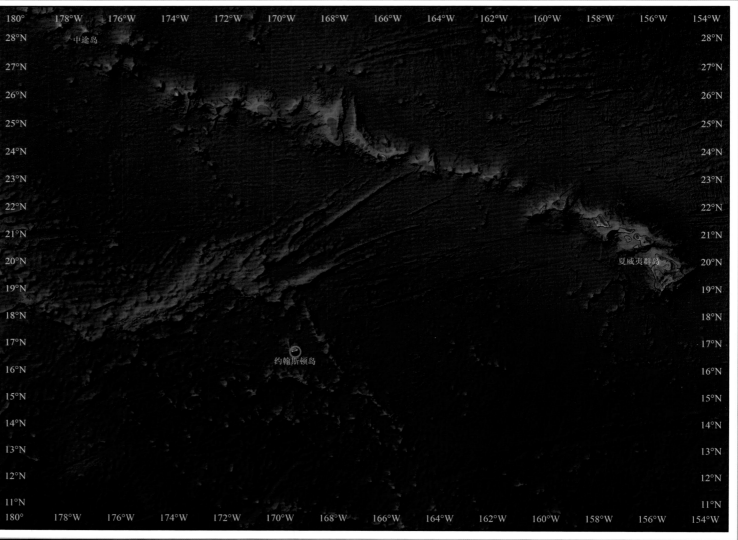

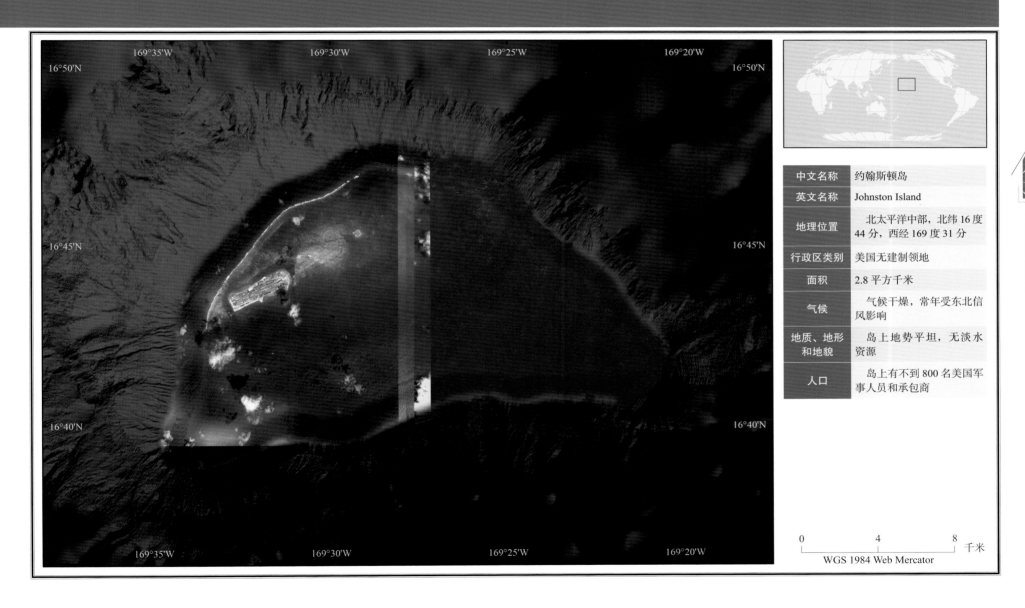

中文名称	约翰斯顿岛
英文名称	Johnston Island
地理位置	北太平洋中部，北纬 16 度 44 分，西经 169 度 31 分
行政区类别	美国无建制领地
面积	2.8 平方千米
气候	气候干燥，常年受东北信风影响
地质、地形和地貌	岛上地势平坦，无淡水资源
人口	岛上有不到 800 名美国军事人员和承包商

太平洋区域海岛

0   4   8 千米

WGS 1984 Web Mercator

中途岛

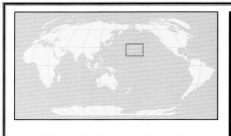

1867 年中途岛归属美国，1903 年建为海军基地，1905 年建成夏威夷与菲律宾之间的海底电缆连结站，1935 年建成民用机场，"二战"期间修建了航空和潜艇基地，战后商业航空站的地位下降，1950 年取消了定期航班，同年海军撤离，仅剩下留守部队。现岛上有潜艇和空军基地，并对公众开放游览，现属于海洋保护区范围。

0   300   600 千米

WGS 1984 Web Mercator

中途岛

夏威夷群岛

中文名称	中途岛
英文名称	Midway Island
地理位置	北纬 28 度 12 分 38 秒，西经 177 度 21 分 16 秒
行政区类别	美国无建制领地
面积	4.7 平方千米
气候	亚热带气候
地质、地形和地貌	中途岛由桑德岛、东岛和斯皮特岛组成。为珊瑚环礁，周长 24 千米，环抱东岛和桑德岛
人口	无本土居民
经济	经济活动仅限于为岛上的国家野生动物保护活动提供服务。所有食品和制成品依赖进口
交通	岛上有 32 千米的高速路，7.8 千米的管道以及 3 个机场 (1999 年)

WGS 1984 Web Mercator

太平洋区域海岛

31

（二）其他区域海岛

巴霍努艾沃岛

巴霍努艾沃岛上有一座 21 米高的灯塔，建于 1982 年。2008 年 2 月，哥伦比亚国防部重建此灯塔，目前由哥伦比亚海军维护，州立海事管理局监管。由于该礁面积小，自然资源较少，不适宜人类居住，各国对该礁争夺实为对附近专属经济区的争夺，故建灯塔以宣示主权。

0　　　4　　　8　千米
WGS 1984 Web Mercator

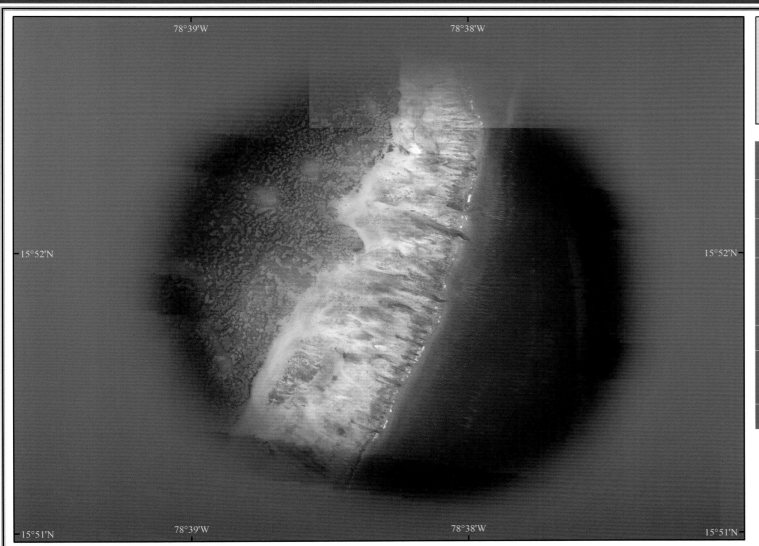

78°39'W   78°38'W

78°39'W   78°38'W

15°52'N   15°52'N

15°51'N   15°51'N

中文名称	巴霍努艾沃岛，又名海燕群岛、巴霍努艾沃礁
西班牙语名称	Bajo Nuevo，Islas Petrel
地理位置	西部加勒比海，北纬 15 度 53 分、西经 78 度 38 分
争议国家和实际管控	哥伦比亚、牙买加、尼加拉瓜、洪都拉斯和美国对其主权存在争议，现由哥伦比亚实际控制
面积	约 100 平方千米
地质、地形和地貌	巴霍努艾沃岛由西南礁和东北礁组成，礁石荒芜，由珊瑚和沙子组成
人口	无定居人口

其他区域海岛 (二)

0   0.5   1   千米

WGS 1984 Web Mercator

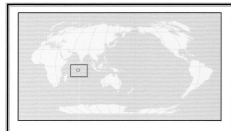

　　查戈斯群岛最早由瓦斯科·达·伽马发现，18世纪初作为毛里求斯的一部分被法国占领。1814年，法国将该群岛割让给英国。1903年8月31日，英国将其从塞舌尔划出，重归毛里求斯管理。毛里求斯独立后，英国成立了英属印度洋领地来管理该群岛，但毛里求斯并未放弃对其的领土要求。1965年该岛成为英属印度洋领地的一部分，作为远洋轮船的燃料补给站。1967年，英国同美国签订条约，在迪戈加西亚岛上修建了空军和海军基地。该岛从此成为美国在印度洋的重要海空军基地。岛上建有军用港口、军火库、通信中心、卫星跟踪站、机场，可进驻航母和核潜艇等大型战舰，并且配备了一支远程轰炸机部队、一支核潜艇部队和一支空中加油机部队。由于特殊的地理位置和优越的地形条件，主岛迪戈加西亚岛适合建成大规模的海空军基地。

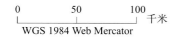

WGS 1984 Web Mercator

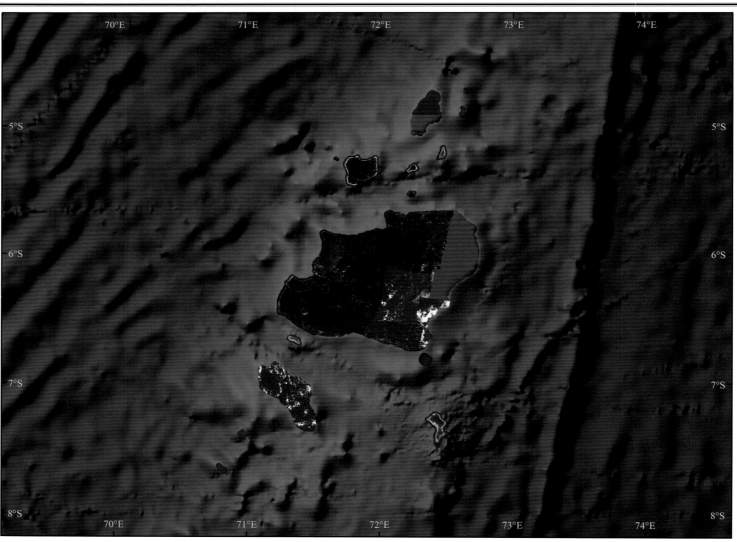

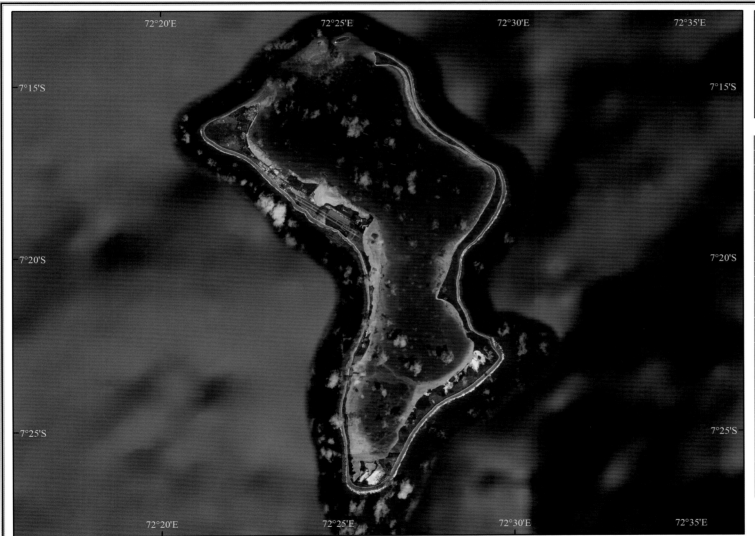

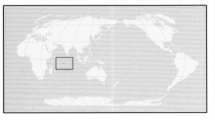

中文名称	查戈斯群岛
英文名称	Chagos Archipelago
地理位置	印度洋中部，南纬 6 度 0 分，东经 71 度 30 分
争议国家和实际管控	毛里求斯和英国对其存在主权争议，现由英国实际管理
面积	约 63 平方千米。主岛迪戈加西亚岛面积约 27 平方千米，包括潟湖在内占据海域面积约 15 000 平方千米，专属经济区面积约 636 600 平方千米
气候	属热带气候，炎热潮湿
地质、地形和地貌	该岛地势平坦，平均海拔高度为 4 米。由 7 个环礁共 60 余个岛组成
人口	约 4 500 人，多为英美两国人
经济	居民主要从事军事设施服务和渔业、采集椰子、龟壳与制盐等
政治	1967 年，英国同美国签订条约，在主岛上修建了空军和海军基地。在两次海湾战争和阿富汗战争期间，迪戈加西亚岛基地均发挥了极其重要的作用。为修建军事基地，英国将岛民强行迁离，引起岛民不断抗议。9·11 事件后，迪戈加西亚岛的军事作用增强。由于英美两国之间的迪戈加西亚岛条约已于 2016 年到期，该群岛的政治地位仍不明朗。毛里求斯已向联合国人权委员会提出要求，争取条约过期后取得该岛的主权
交通	岛上有海军基地及一个 3 千米长跑道的机场。迪戈加西亚岛上有大型军港，其他的离岛没有任何的港埠设施

WGS 1984 Web Mercator

冲之鸟礁

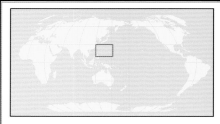

1543 年，西班牙人贝尔南多发现冲之鸟礁。1789 年，英国人威廉·道格拉斯到达该礁，将它重新命名为"道格拉斯礁"（Douglas Reef）。19 世纪时，美西战争后，西班牙将包括冲之鸟在内的一系列岛礁售予德国。1920 年开始，日本测量船对该礁进行了多次测量。1931 年 7 月，日本政府通过内务省告示，将冲之鸟礁编入其领土范围。第二次世界大战期间，日方原本准备在礁上修建灯塔和气象观测站，但由于太平洋战争的影响，这一项目未能完工。

1968 年 4 月，根据日美间签订的《返还小笠原协议》，美国将小笠原群岛行政权归还日本，包括冲之鸟礁在内的小笠原群岛被置于东京都政府的管辖之下。

1987 年，日本为了防止冲之鸟礁因被风化和潮水腐蚀而淹没，开始在冲之鸟礁四周筑成堤防设施，且设置了气象观测装置。2005 年 3 月，日本开始"救礁计划"，在礁上设置邮政编码和门牌号码之后，日本政府拨款 1000 万日元，架设灯塔以及气象观测设备，派人长期驻守。

2006 年，日本耗资 755 万美元在礁石上展开珊瑚养殖计划，以宣示主权。2007 年，开始将冲绳的阿嘉岛截枝后的珊瑚再带回礁石上栽种，4 月下旬开始大规模的移植。

根据日本媒体 2012 年 4 月 28 日报道，日本关于延伸大陆架的冲之鸟礁以北部分申请首次获得联合国批准，而冲之鸟礁以南约 25 万平方千米范围尚未得出结论，而申请的其余部分被驳回。

0　　　150　　　300 千米

WGS 1984 Web Mercator

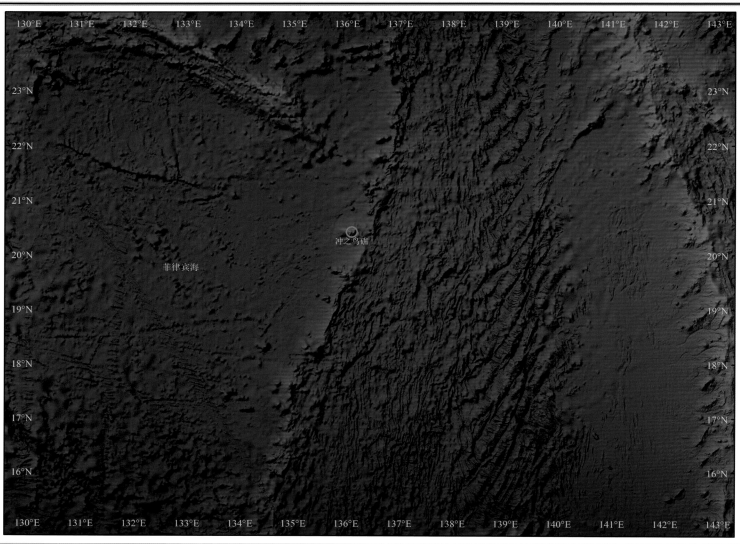

菲律宾海

冲之鸟礁

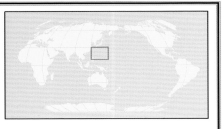

中文名称	冲之鸟礁
地理位置	北纬 20 度 25 分，东经 136 度 5 分，在东京南偏西约 1 730 千米、冲绳东南约 1 070 千米、关岛西北约 1 200 千米
争议国家和实际管控	目前日本对其宣示是本国岛屿的主张并未获得联合国的认可
面积	整个珊瑚礁南北长 1.7 千米、东西宽 4.5 千米，周长约 11 千米
地质、地形和地貌	礁盘呈东西方向细长的椭圆状，礁湖内海水深度 3～5 米。其西端有两处礁石：东露岩和北露岩

0   0.5   1   千米

WGS 1984 Web Mercator

其他区域海岛

独 岛

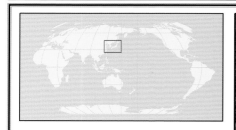

虽然日本和韩国均宣称最早勘探独岛，但两国之间仍存在较大的领土争议，日本自 1952 年以来未对其有过实效控制。自 20 世纪 60 年代起韩国在独岛的东西两岛上修建了渔民住所、20 吨储水箱、净水设施、食品储藏设施、发电室、通信设施及简易气象站等生活设施，以及灯塔一座、通信塔两座、哨所两个、营房一幢以及各种天线和石碑等军用设施。韩国政府于 1981 年在岛上修建直升机场，于 1996—1997 年在独岛东岛上修建了可停靠 500 吨级船舶的码头。2008 年，韩国政府投资 10 亿韩元设立独岛管理现场办公室，后又追加投入 80 亿韩元，在独岛开展生态调查、举行学术会议、建立独岛博物馆等 4 个国家项目。同时，政府也开放韩国市民对独岛的组团旅游。2011 年韩国在岛上建立海洋科学基地。2012 年 1 月 3 日，郁陵岛和独岛成为了韩国国内的首个国家地质公园。

虽然岛屿面积较小，但是由于岛上自然环境适宜居住，易于开展各种建设活动，因此社会要素建设多样，能基本满足居民生活要求。

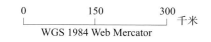

WGS 1984 Web Mercator

131°51'20"E	131°51'40"E	131°52'E	131°52'20"E

37°14'40"N

37°14'20"N

中文名称	独岛。韩国称独岛,日本称竹岛,国际上称利扬库尔岩
英文名称	Liancourt Islands
地理位置	北纬 37 度 14 分 12 秒,东经 131 度 51 分 51 秒
争议国家和实际管控	朝鲜、韩国和日本都宣称对该岛拥有主权。如今该岛处于韩国实际控制之下
面积	0.18 平方千米
气候	独岛是典型的温带海洋性气候。全年降水量较大,年平均降水量达 1 240 毫米。年平均气温 12℃,冬天经常会有降雪。独岛常年有大风,平均风速达 4.3 米 / 秒,夏天吹西南风,冬天吹东北风
地质、地形和地貌	由位于日本海西南海域的东、西两个小岛及周围 37 块岩礁构成。两岛四周是悬崖峭壁,航船难以停泊,只有东岛南部有少许滩涂;西岛呈锥体状,海拔 174 米,东岛海拔为 99.4 米
水文	全年降水量较高,位于东海寒流和暖流交汇处,周边海域渔业资源和海底资源十分丰富
植被	火山岩土壤上生长着 75 种草本植物
人口	韩国在独岛部署有 37 名韩国海洋警察厅的海警、3 名渔政管理人员和 3 名灯塔看护员
经济	渔业、旅游业
政治	由韩国实际管辖,每年日本会向韩国提交备忘录,声称对独岛的主权
交通	渡轮

其他区域海岛

0   0.2   0.4 千米

WGS 1984 Web Mercator

弗兰格尔岛

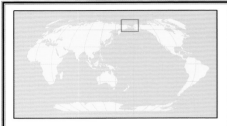

1926 年俄罗斯在弗兰格尔岛设立北极观测站。美俄两国均在楚科奇海设立石油开采基地。1976 年苏联政府在两岛及其周围的海域设立自然保护区，主要保护北极冻原生态以及雪鹅和北极熊。2014 年 9 月初，俄罗斯启动军事基地建设工程。由于气候原因、环境污染和保护区的设立，该岛限制了居民设施的建设，但军事基地的动工，表明俄罗斯对该岛进行了战略考量，其目的是维护地缘政治利益。

俄罗斯政府近年来宣布以弗兰格尔岛为基点对周边 120 万平方千米海域拥有主权，遭到美国、加拿大等邻国的强烈反对。美国国内有许多团体称 1867 年美国捕鲸队长托马斯·朗发现该岛，因此该岛属于美国，并强烈要求收回。俄罗斯的理由是 1824 年该岛就由俄国海军上将弗兰格尔发现，当时连阿拉斯加都是俄罗斯的领土。

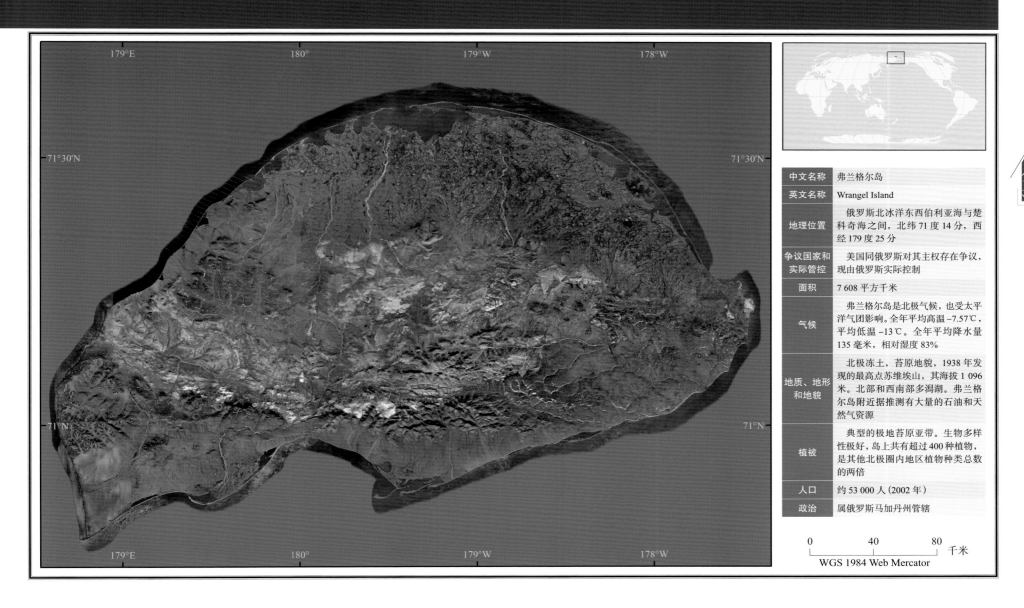

中文名称	弗兰格尔岛
英文名称	Wrangel Island
地理位置	俄罗斯北冰洋东西伯利亚海与楚科奇海之间，北纬71度14分，西经179度25分
争议国家和实际管控	美国同俄罗斯对其主权存在争议，现由俄罗斯实际控制
面积	7 608平方千米
气候	弗兰格尔岛是北极气候，也受太平洋气团影响。全年平均高温 –7.57℃，平均低温 –13℃。全年平均降水量135毫米，相对湿度83%
地质、地形和地貌	北极冻土，苔原地貌，1938年发现的最高点苏维埃山，其海拔1 096米。北部和西南部多潟湖。弗兰格尔岛附近据推测有大量的石油和天然气资源
植被	典型的极地苔原亚带。生物多样性极好，岛上共有超过400种植物，是其他北极圈内地区植物种类总数的两倍
人口	约53 000人（2002年）
政治	属俄罗斯马加丹州管辖

0   40   80   千米

WGS 1984 Web Mercator

海湾三岛

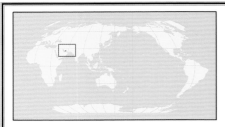

　　19世纪以后，海湾三岛之一的阿布穆萨岛一直处于英国控制中。1968年，沙加同其他六个酋长国共同组成阿拉伯联合酋长国，1971年底英国宣布撤出海湾地区。1972年10月，伊朗和阿联酋建交，暂时搁置了三岛主权争议。

　　20世纪80年代，阿拉伯联合酋长国在阿布穆萨岛修建学校、医院和电站。1995年，伊朗在阿布穆萨岛上的驻军从700人增加到4 000人，并部署了导弹，1996年兴建了机场。2001年12月31日，第二十二届海湾合作委员会最高理事会确认阿拉伯联合酋长国拥有对大通布岛、小通布岛和阿布穆萨岛这三个岛屿及其领水、领空及相关的大陆架和专属经济区作为国家组成部分的充分主权。理事会再次要求伊朗伊斯兰共和国同意将这一争端提交国际法院处理。2012年4月11日，伊朗总统内贾德巡访波斯湾，并登上了阿布穆萨岛。2013年伊朗海洋石油公司实施阿布穆萨岛新天然气项目。

　　由于地理位置的重要性，三岛的建设首先以军事考量为起点，其次满足居民生活需求，然后进行资源的开采和利用。

　　19世纪以后该岛一直处于英国控制之下，阿拉伯联合酋长国和伊朗原本是英国的殖民地。但当1971年英国人从阿布穆萨岛、大通布岛及小通布岛撤军后，伊朗国王巴列维指挥海军占领了这三个岛屿。

```
0        20        40
                        千米
WGS 1984 Web Mercator
```

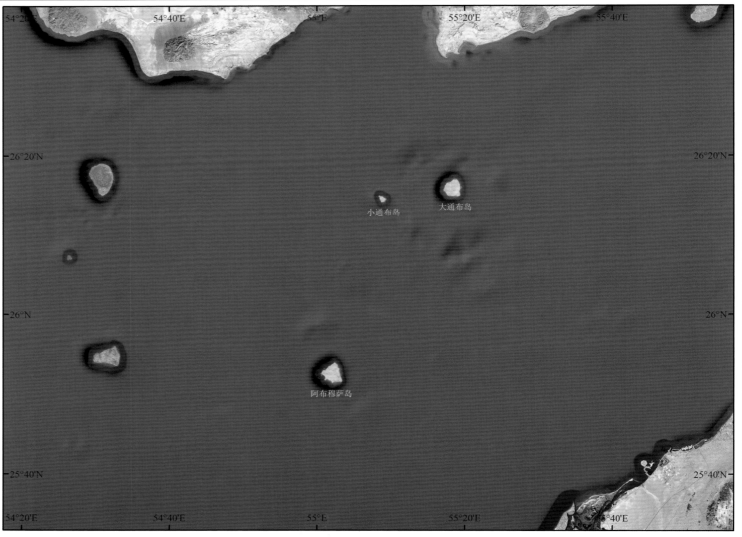

海湾三岛——阿布穆萨岛

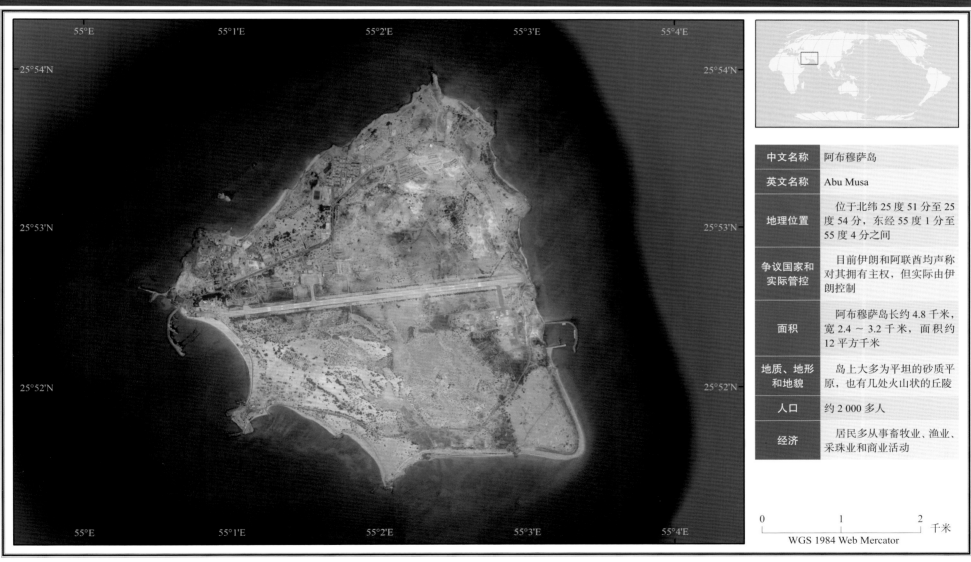

中文名称	阿布穆萨岛
英文名称	Abu Musa
地理位置	位于北纬 25 度 51 分至 25 度 54 分，东经 55 度 1 分至 55 度 4 分之间
争议国家和实际管控	目前伊朗和阿联酋均声称对其拥有主权，但实际由伊朗控制
面积	阿布穆萨岛长约 4.8 千米，宽 2.4 ~ 3.2 千米，面积约 12 平方千米
地质、地形和地貌	岛上大多为平坦的砂质平原，也有几处火山状的丘陵
人口	约 2 000 多人
经济	居民多从事畜牧业、渔业、采珠业和商业活动

0   1   2 千米

WGS 1984 Web Mercator

其他区域海岛

45

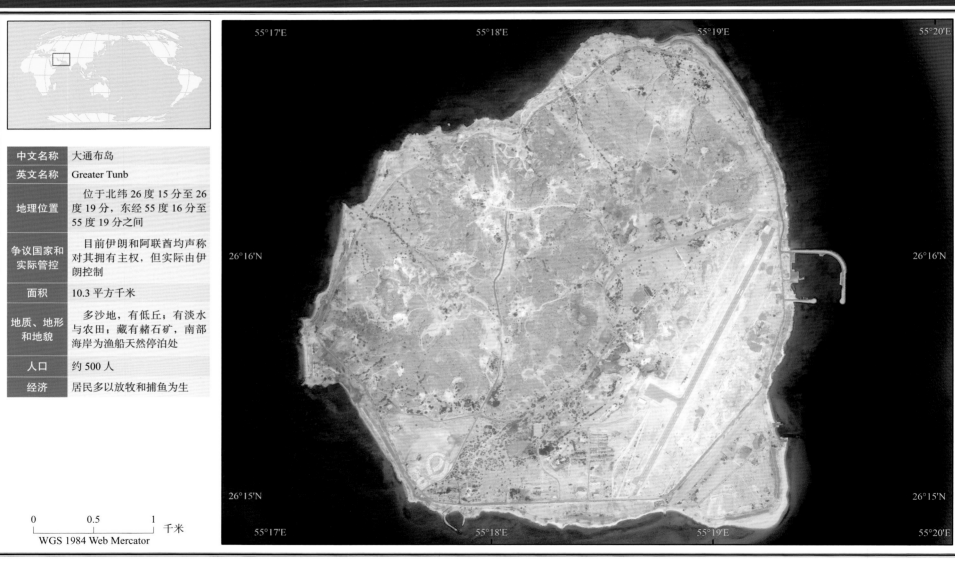

中文名称	大通布岛
英文名称	Greater Tunb
地理位置	位于北纬 26 度 15 分至 26 度 19 分，东经 55 度 16 分至 55 度 19 分之间
争议国家和实际管控	目前伊朗和阿联酋均声称对其拥有主权，但实际由伊朗控制
面积	10.3 平方千米
地质、地形和地貌	多沙地，有低丘；有淡水与农田；藏有赭石矿，南部海岸为渔船天然停泊处
人口	约 500 人
经济	居民多以放牧和捕鱼为生

0   0.5   1 千米
WGS 1984 Web Mercator

国外区域海岛图集
GUOWAI HAIDAO TUJI QUYU

海湾三岛——小通布岛

中文名称	小通布岛
英文名称	Lesser Tunb
地理位置	波斯湾东南部霍尔木兹海峡入口处，位于北纬26度14分至26度15分，东经55度8分至55度10分之间
争议国家和实际管控	目前伊朗和阿联酋均声称对其拥有主权，但实际由伊朗控制
面积	约2平方千米
地质、地形和地貌	岛北部有一深色小丘，岛上没有水，植被稀少
人口	无定居人口
经济	偶有猎人到此打猎

其他区域海岛

汉斯岛

由于汉斯岛上常年冰冻不适宜居住，没有其他设施。

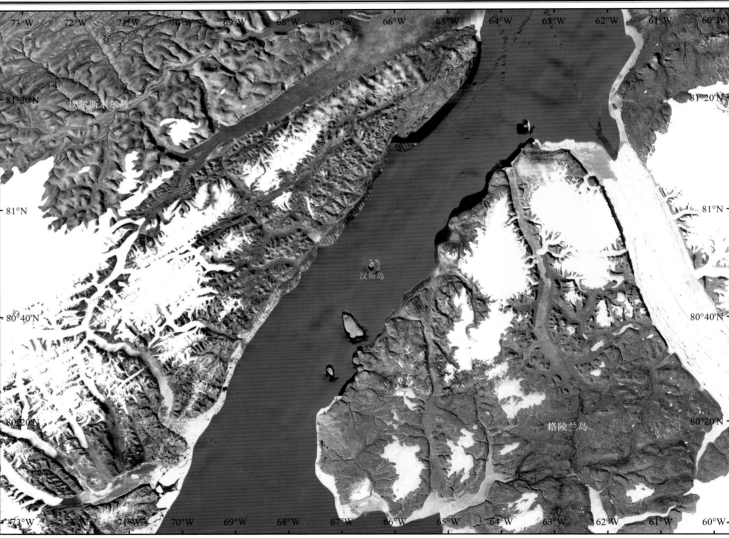

0   150   300 千米

WGS 1984 Web Mercator

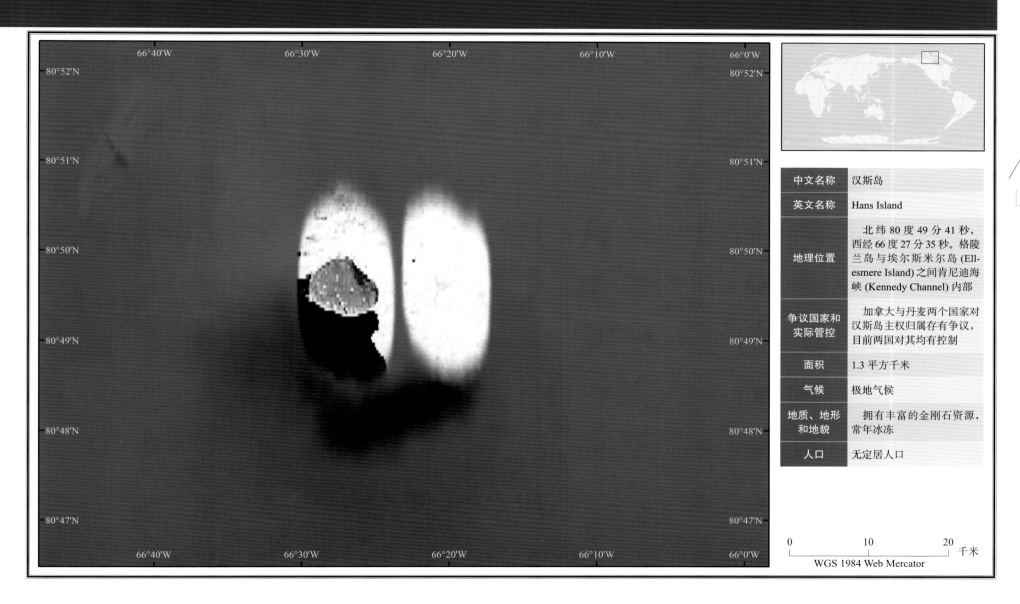

中文名称	汉斯岛
英文名称	Hans Island
地理位置	北纬 80 度 49 分 41 秒,西经 66 度 27 分 35 秒。格陵兰岛与埃尔斯米尔岛 (Ellesmere Island) 之间肯尼迪海峡 (Kennedy Channel) 内部
争议国家和实际管控	加拿大与丹麦两个国家对汉斯岛主权归属存有争议,目前两国对其均有控制
面积	1.3 平方千米
气候	极地气候
地质、地形和地貌	拥有丰富的金刚石资源,常年冰冻
人口	无定居人口

其他区域海岛

库克群岛

　　1888 年，库克群岛被纳入英国的保护地，1901 年后被并入新西兰的领土范围。1964 年 11 月 17 日，新西兰国会通过《库克群岛制宪法案》（Cook Islands Constitution Act），规定在库克群岛居民完成大选之后，将该群岛的自治权利释放给当地居民。1965 年，在完成内部自治的体制后，库克群岛开始尝试在外交方面拥有更多的主导权，1973 年与新西兰签署了共同宣言，拥有与其他国家一样的独自外交权，并加入了世界卫生组织等国际机构。

　　库克群岛防务由新西兰协助，不设军队。有 3 个海港，多处机场。

WGS 1984 Web Mercator

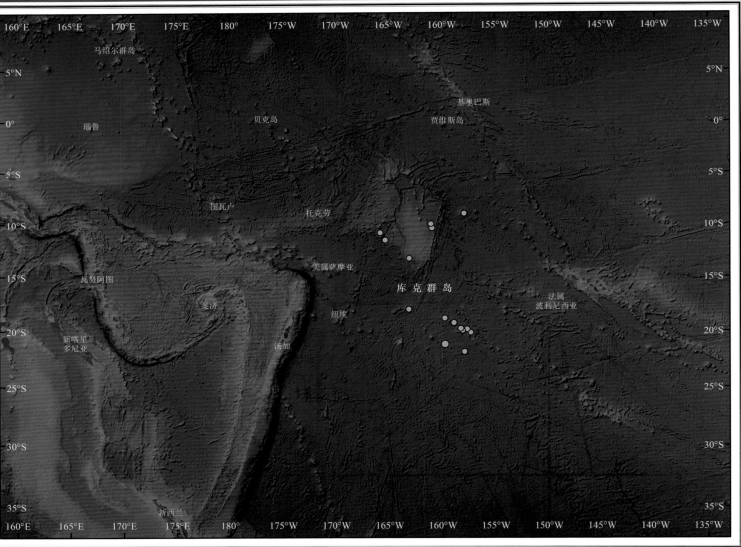

国外区域海岛图集
GUOWAI QUYU HAIDAO TUJI

50

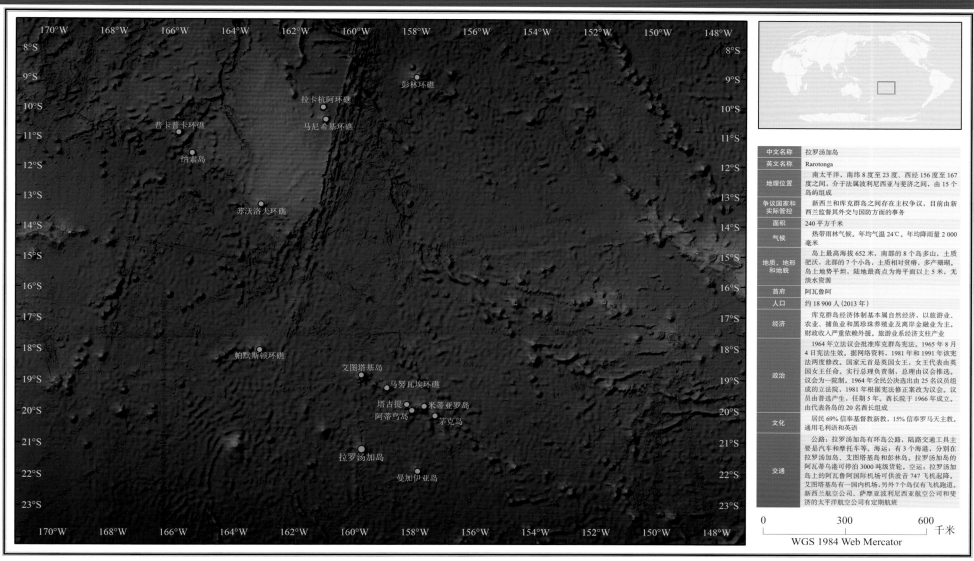

中文名称	拉罗汤加岛
英文名称	Rarotonga
地理位置	南太平洋，南纬8度至23度、西经156度至167度之间，介于法属波利尼西亚与斐济之间，由15个岛屿组成
争议国家和实际管控	新西兰和库克群岛之间存在主权争议，目前由新西兰监督其外交与国防方面的事务
面积	240平方千米
气候	热带雨林气候。年均气温24℃。年均降雨量2 000毫米
地质、地形和地貌	岛上最高海拔652米，南部的8个岛多山，土质肥沃，北部的7个小岛，土质相对贫瘠，多产珊瑚。岛上地势平坦，陆地最高点为海平面以上5米，无淡水资源
首府	阿瓦鲁阿
人口	约18 900人（2013年）
经济	库克群岛经济体制基本属自然经济，以旅游业、农业、捕鱼业和黑珍珠养殖业及离岸金融业为主。财政收入严重依赖外援。旅游业系经济支柱产业
政治	1964年立法议会批准库克群岛宪法。1965年8月4日宪法生效。据网络资料，1981年和1991年该宪法两度修改。国家元首是英国女王，女王代表由英国女王任命。实行总理负责制，总理由议会推选。议会为一院制。1964年全民公决选出由25名议员组成的立法院，1981年根据宪法修正案改为议会。议员由普选产生，任期5年。酋长院于1966年成立。由代表各岛的20名酋长组成
文化	居民69%信奉基督教新教，15%信奉罗马天主教。通用毛利语和英语
交通	公路：拉罗汤加岛有环岛公路，陆路交通工具主要是汽车和摩托车等。海运：有3个海港，分别在拉罗汤加、艾图塔基岛和彭林岛。拉罗汤加岛的阿瓦蒂乌港可停泊3000吨级货轮。空运：拉罗汤加岛上的阿瓦鲁阿国际机场可供波音747飞机起降。艾图塔基岛有一国内机场，另外7个岛仅有飞机跑道。新西兰航空公司、萨摩亚波利尼西亚航空公司和斐济的太平洋航空公司有定期航班

WGS 1984 Web Mercator

其他区域海岛

马尔维纳斯群岛

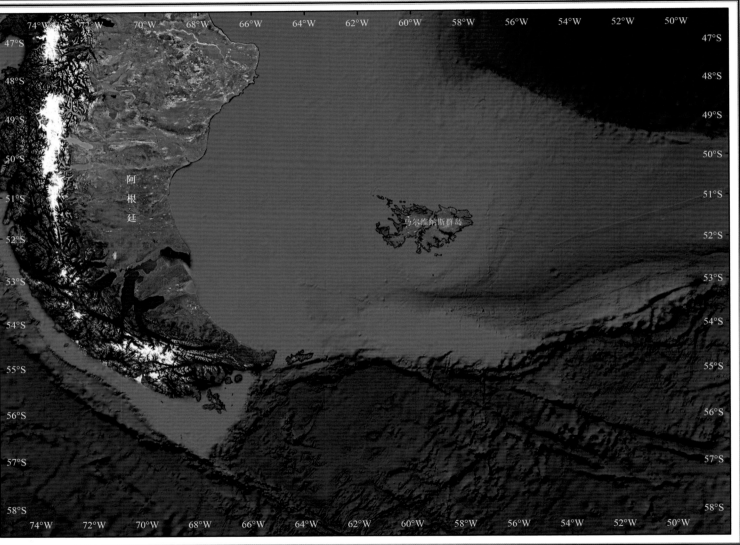

马尔维纳斯群岛是阿根廷与英国争议群岛（英国称福克兰群岛）。1764年，法国探险队在东岛路易斯港建立定居地。1765年英国探险队在西岛埃格蒙特港建立定居地。1943年，为获得南大西洋的侦查和气象情报以服务"二战"，英国在该岛建立了海军基地，战后演变成福克兰群岛属地调查局，属英国南极调查局（BAS）。1982年，英阿福克兰群岛战争，英军获胜，福克兰群岛开始使用自己的宪法、货币、旗帜和国徽，以体现岛民自治。1986年，英宣布福克兰群岛周围150海里为渔业保护区，并于1993年将保护区扩大为200海里。

岛上电力自给自足，共建有5座中小型机场，公路总长近440千米。据网络报道，群岛首府斯坦利设有商港，有驻军，还设有学校、医院。2012年底，欧洲太空组织在岛上启用阿根廷卫星追踪站。

该岛陆地面积广阔，气候较适宜居住，岛上各产业发展多样而且比较成熟，社会要素的建设比较充分地利用了当地的资源，较好地满足了居民的生活需求。

0   300   600 千米

WGS 1984 Web Mercator

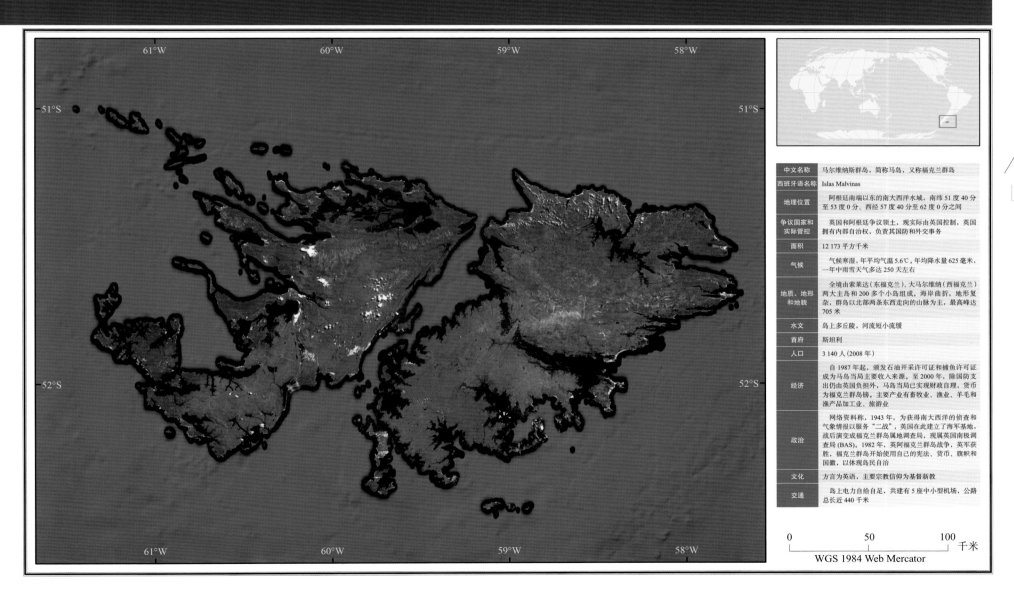

中文名称	马尔维纳斯群岛，简称马岛，又称福克兰群岛
西班牙语名称	Islas Malvinas
地理位置	阿根廷南端以东的南大西洋水域，南纬 51 度 40 分至 53 度 0 分、西经 57 度 40 分至 62 度 0 分之间
争议国家和实际管控	英国和阿根廷争议领土，现实际由英国控制，英国拥有内部自治权，负责其国防和外交事务
面积	12 173 平方千米
气候	气候寒湿，年平均气温 5.6℃。年均降水量 625 毫米，一年中雨雪天气多达 250 天左右
地质、地形和地貌	全境由索莱达（东福克兰）、大马尔维纳（西福克兰）两大主岛和 200 多个小岛组成，海岸曲折，地形复杂，群岛以北部两条东西走向的山脉为主，最高峰达 705 米
水文	岛上多丘陵，河流短小流缓
首府	斯坦利
人口	3 140 人 (2008 年)
经济	自 1987 年起，颁发石油开采许可证和捕鱼许可证成为马岛当局主要收入来源。至 2000 年，除国防支出仍由英国负担外，马岛当局已实现财政自理，货币为福克兰群岛镑。主要产业有畜牧业、渔业、羊毛和渔产品加工业、旅游业
政治	网络资料称，1943 年，为获得南大西洋的侦查和气象情报以服务"二战"，英国在此建立了海军基地，战后演变成福克兰群岛属地调查局，现属英国南极调查局 (BAS)。1982 年，英阿福克兰群岛战争，英军获胜，福克兰群岛开始使用自己的宪法、货币、旗帜和国徽，以体现岛民自治
文化	方言为英语，主要宗教信仰为基督新教
交通	岛上电力自给自足，共建有 5 座中小型机场，公路总长近 440 千米

0　　　　　50　　　　　100 千米

WGS 1984 Web Mercator

玛基亚斯海豹岛

　　玛基亚斯海豹岛上有一座由英国在1832年建造的灯塔。濒危候鸟栖息地，设有野生动物和海鸟保护区。无人居住。由于岛屿面积较小，又设立了保护区，所以限制了人类居住，因此社会要素比较少。

　　在面积720平方千米的海域中，美国与加拿大两国渔民均可在该片水域捕捉龙虾。玛基亚斯海豹岛位于被当地渔民称为"灰色地带"的地区。200多年来，加拿大和美国都宣称是该岛的主权国，时而还会在边境爆发暴力冲突。

　　加拿大认为全岛属于其联邦政府所有地，并把该岛划为候鸟保护区，归加拿大野生动物局管理。该岛一直以来既属于联邦选区又属于省选区。加拿大海岸警备队在岛上安置有2名员工负责维护灯塔，每隔28天就用直升机运送另外2人来换班。

0　　0.25　　0.5　千米

WGS 1984 Web Mercator

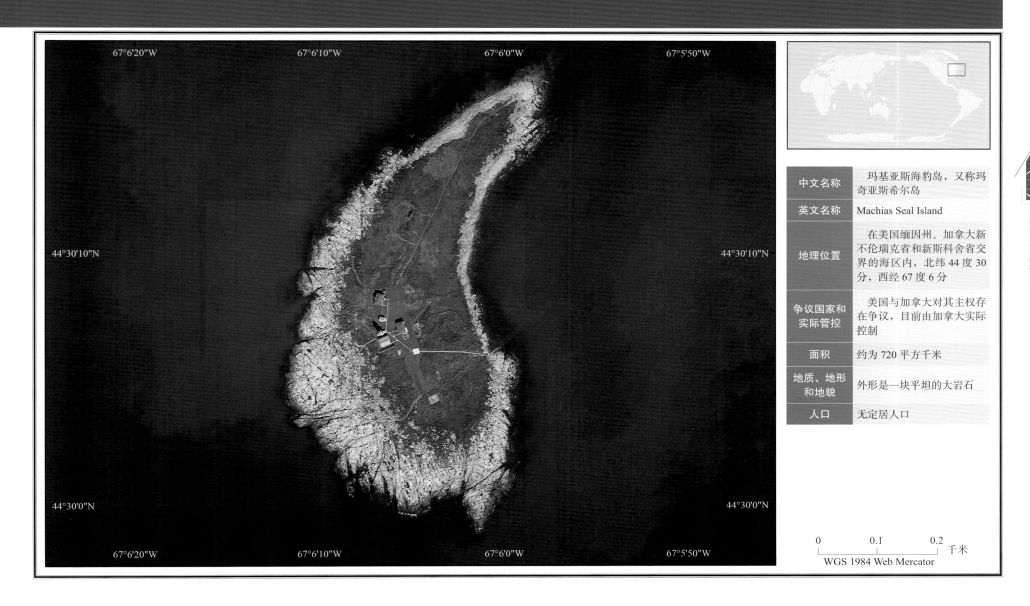

中文名称	玛基亚斯海豹岛，又称玛奇亚斯希尔岛
英文名称	Machias Seal Island
地理位置	在美国缅因州、加拿大新不伦瑞克省和新斯科舍省交界的海区内，北纬 44 度 30 分，西经 67 度 6 分
争议国家和实际管控	美国与加拿大对其主权存在争议，目前由加拿大实际控制
面积	约为 720 平方千米
地质、地形和地貌	外形是一块平坦的大岩石
人口	无定居人口

WGS 1984 Web Mercator

纳瓦萨岛

　　1504 年纳瓦萨岛被人发现。美国根据 1856 年颁布的《鸟粪岛法案》宣称纳瓦萨岛是其无建制领地，海地也宣称对其拥有主权。据网络资料，1857 年归美国所有。纳瓦萨岛无人居住，曾拥有大量的磷酸盐矿，1865—1898 年间美国曾在岛上开采鸟粪，目前为野生自然保护区。

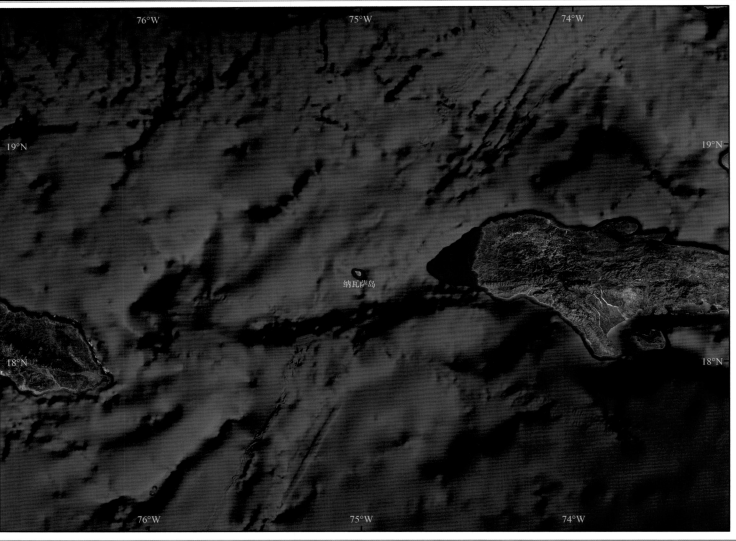

WGS 1984 Web Mercator

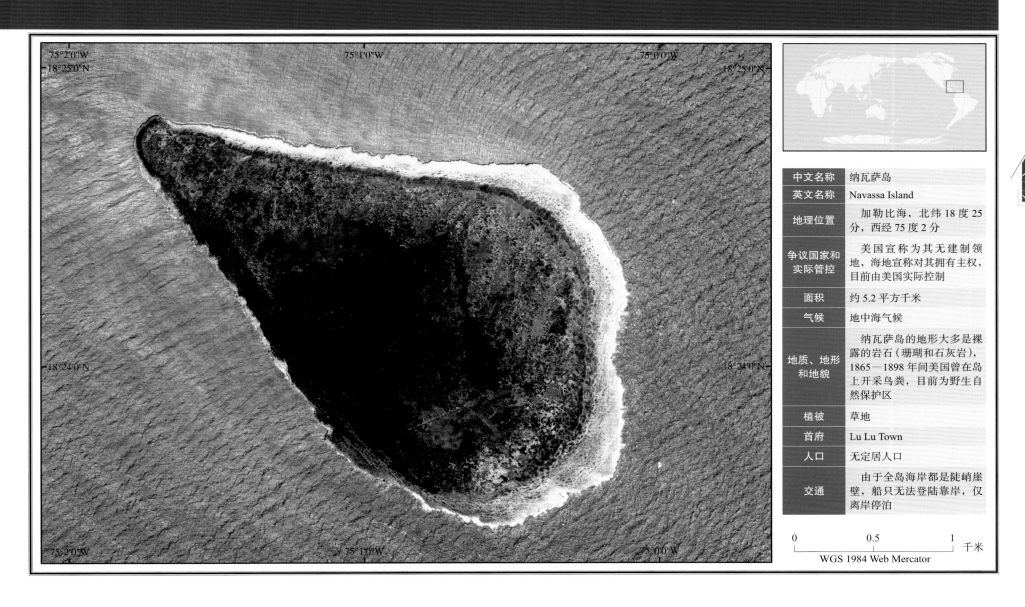

中文名称	纳瓦萨岛
英文名称	Navassa Island
地理位置	加勒比海，北纬 18 度 25 分，西经 75 度 2 分
争议国家和实际管控	美国宣称为其无建制领地，海地宣称对其拥有主权，目前由美国实际控制
面积	约 5.2 平方千米
气候	地中海气候
地质、地形和地貌	纳瓦萨岛的地形大多是裸露的岩石（珊瑚和石灰岩），1865—1898 年间美国曾在岛上开采鸟粪，目前为野生自然保护区
植被	草地
首府	Lu Lu Town
人口	无定居人口
交通	由于全岛海岸都是陡峭崖壁，船只无法登陆靠岸，仅离岸停泊

WGS 1984 Web Mercator

南奥克尼群岛

南奥克尼群岛由科罗内申岛、劳里岛和一些小岛组成。1821 年 12 月被英国人鲍威尔发现，并宣布为英国所有。1947 年 3 月 18 日英国南极调查局在此建立西格尼生物科学考察站。无固定居民，曾有捕鲸船在夏季来往。1904 年 1 月 2 日，苏格兰国家南极考察队在劳里岛上建立气象站基地，1904 年 2 月 22 日交由阿根廷，更名为奥尔卡达斯基地。1904 年 2 月 20 日，阿根廷在劳里岛上设立邮局，但不久后便被闲置，直到 1942 年，阿根廷邮政服务重新启动。这在一定程度上维护了其对南奥克尼群岛的主权要求，但英国政府拒绝承认邮局的合法性。

因为气候寒冷，冰川覆盖，南极生物资源丰富，适合建立生物调查站，但条件较为艰苦，不适宜居住，虽有科研工作人员常住，但其他民用设施较少，所以通过建立邮局的方式来宣示主权。

WGS 1984 Web Mercator

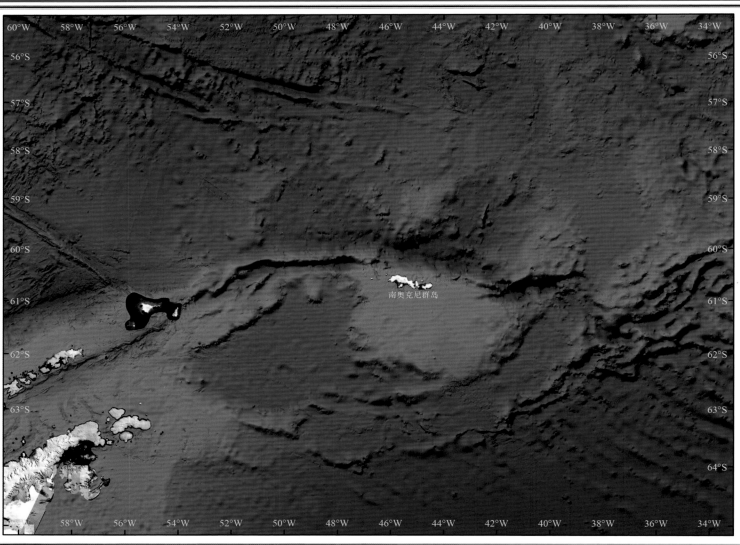

南奥克尼群岛

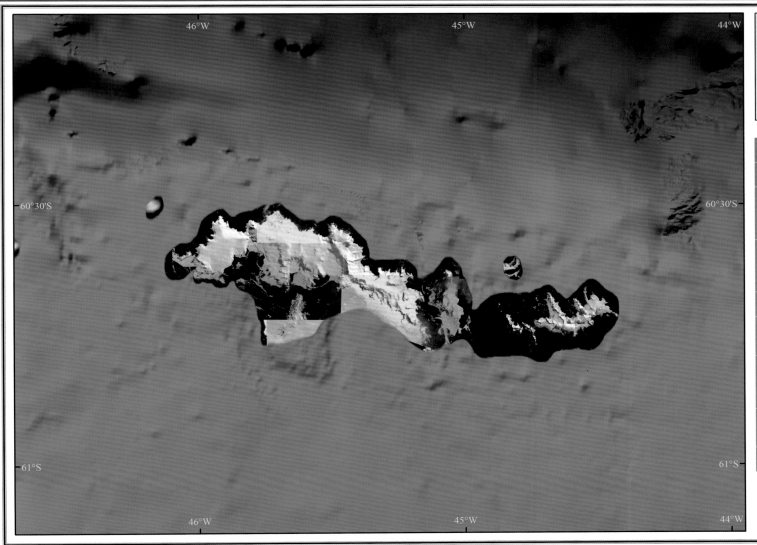

中文名称	南奥克尼群岛
英文名称	South Orkney Island
地理位置	位于南大西洋斯科舍海和威德海之间，南纬60度35分，西经45度30分
争议国家和实际管控	阿根廷同英国有主权争议，目前该区域在《南极条约》框架下管理
面积	620平方千米
气候	岛上冰雪覆盖，气候寒冷潮湿
地质、地形和地貌	由科罗内申 (Coronation)、劳里 (Laurie) 两大岛和一些小岛组成
人口	无固定居民，只有捕鲸船在夏季来往
政治	南极洲国家

0　　　　　30　　　　　60　千米

WGS 1984 Web Mercator

南千岛群岛

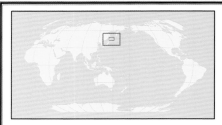

从 17 世纪 60 年代开始俄罗斯渔船比起以前更加频繁地去千岛群岛。自 18 世纪起，日本也在千岛群岛进行开发，直到 1855 年，日俄两国签署《日俄和亲通好条约》，瓜分了千岛群岛。该岛地理位置有极其重要的战略意义。国后岛和择捉岛有俄驻军和空军基地，2012 年俄罗斯加大对驻军设施建设的投入。岛上有俄罗斯居民常住，配备集体公寓、学校、医院、机场、港口等。

由于岛上自然环境适宜居住，易于开展各种建设活动，因此社会要素建设多样，不仅充分利用了地理优势和自然资源，还能够满足居民大部分生活需要。

日本称南千岛群岛为北方领土、北方地域或北方四岛。但是由于苏联当年并没签订过《旧金山和约》，因此日俄之间对该群岛的领土争议至今仍然存在。

WGS 1984 Web Mercator

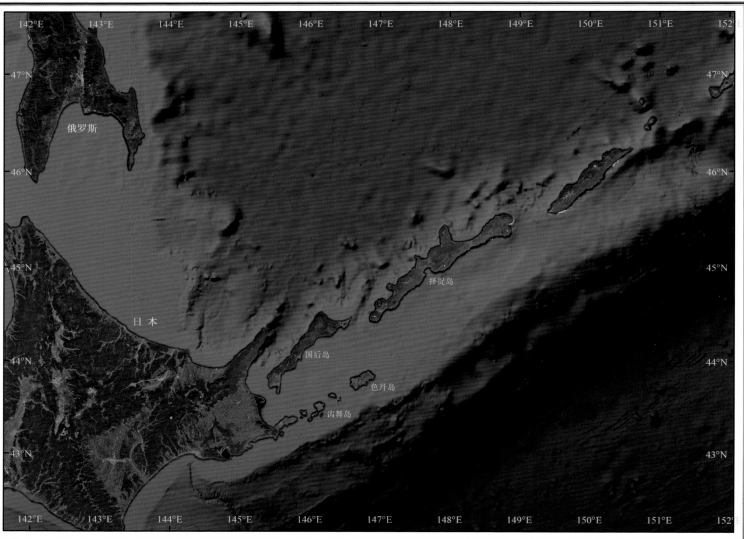

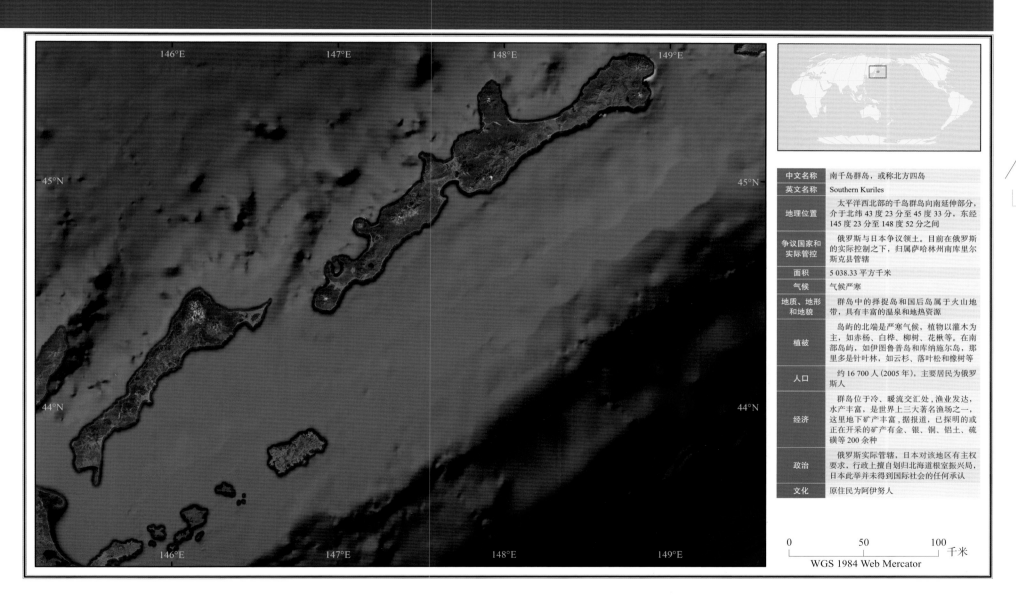

中文名称	南千岛群岛，或称北方四岛
英文名称	Southern Kuriles
地理位置	太平洋西北部的千岛群岛向南延伸部分，介于北纬43度23分至45度33分，东经145度23分至148度52分之间
争议国家和实际管控	俄罗斯与日本争议领土。目前在俄罗斯的实际控制之下，归属萨哈林州南库里尔斯克县管辖
面积	5 038.33平方千米
气候	气候严寒
地质、地形和地貌	群岛中的择捉岛和国后岛属于火山地带，具有丰富的温泉和地热资源
植被	岛屿的北端是严寒气候，植物以灌木为主，如赤杨、白桦、柳树、花楸等。在南部岛屿，如伊图鲁普岛和库纳施尔岛，那里多是针叶林，如云杉、落叶松和橡树等
人口	约16 700人(2005年)，主要居民为俄罗斯人
经济	群岛位于冷、暖流交汇处，渔业发达，水产丰富，是世界上三大著名渔场之一，这里地下矿产丰富，据报道，已探明的或正在开采的矿产有金、银、铜、铝土、硫磺等200余种
政治	俄罗斯实际管辖，日本对该地区有主权要求，行政上擅自划归北海道根室振兴局，日本此举并未得到国际社会的任何承认
文化	原住民为阿伊努人

0   50   100
千米
WGS 1984 Web Mercator

其他区域海岛

61

南乔治亚岛与南桑威奇群岛距离福克兰群岛（马尔维纳斯群岛）约1 300千米，但二者在地缘上几乎融为一体，在过去它们就是福克兰群岛的属地，直至1985年时才建制为独立的英国海外属地。

该岛群由于气候原因不适宜居住，所以仅适合设立考察站。

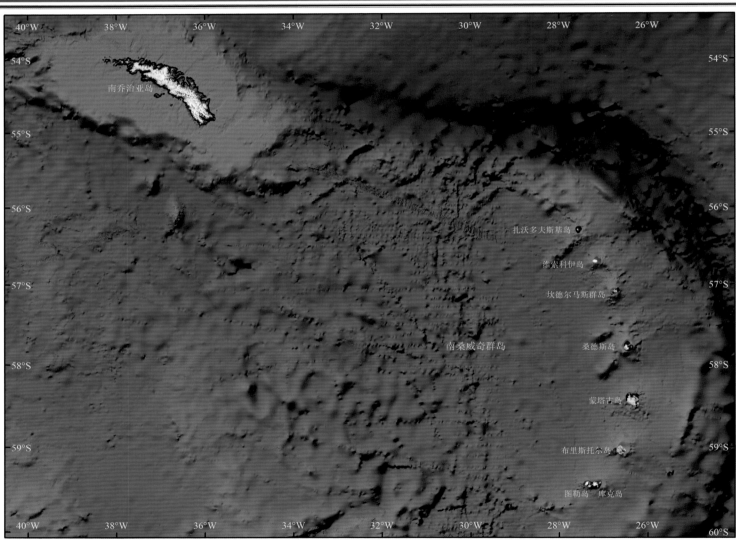

WGS 1984 Web Mercator

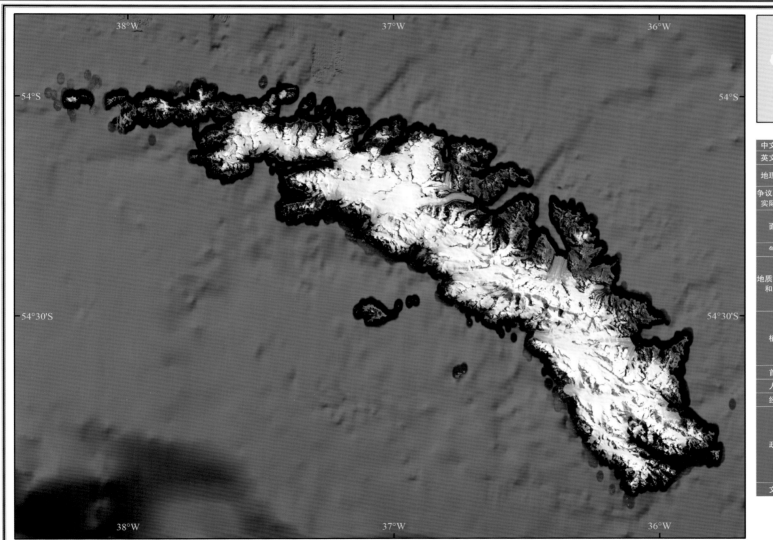

38°W 37°W 36°W

54°S 54°S

54°30'S 54°30'S

38°W 37°W 36°W

中文名称	南乔治亚岛与南桑威奇群岛
英文名称	South Georgia and The South Sandwich Islands
地理位置	大西洋南部，南纬 54 度 15 分，西经 36 度 45 分
争议国家和实际管控	英国与阿根廷对其有主权争议，目前由英国实际管控
面积	4 020 平方千米。其中，南乔治亚岛，面积约 3 710 平方千米；南桑威奇群岛，面积约 310 平方千米
气候	寒带海洋性气候
地质、地形和地貌	南大西洋中的火山岛。南乔治亚岛呈西北—东南向，长 160 千米，宽 32 千米，面积 3 710 平方千米。最高点派吉特山 2 915 米；南桑威奇群岛为小活火山群。由 7 个主岛和其他一些小岛组成
植被	南乔治亚岛为寒冷的海洋性气候，大部被冰雪覆盖，仅生长耐寒和冻土植物；南桑威奇群岛最北的扎沃多夫斯基岛因有火山经常喷发，积雪较少。长有苔藓、地衣，夏季长有青草
首府	古利德维肯
人口	约 30 人（2006 年）
经济	货币单位是英镑
政治	南乔治亚岛与南桑威奇群岛以前在行政上从属于福克兰群岛，因此据报道，一直使用福克兰群岛的旗帜。现为英国海外领土之一，政府首脑：奈杰尔海伍德。国歌：《天佑女王》。因为无原住民或常住人口，因此无民选政府。行政官协助政府专员管理当地事务。福克兰群岛的总督兼任本群岛的民事专员
文化	语言为英语

0   30   60
千米
WGS 1984 Web Mercator

其他区域海岛

欧罗巴岛

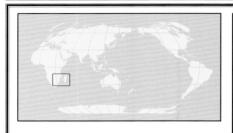

1774 年，英国舰艇"欧罗巴"号发现了欧罗巴岛，该岛因此得名。1897 年，该岛被法国占领，但是马达加斯加也宣称对该岛享有主权，属于两国争端领土。1860—1920 年间，几次有居民试图在岛上定居，但均没有成功。

该岛的专属经济区与印度礁连成一片，总面积共 12.37 万平方千米。欧罗巴岛上有气象站，有时会有科学家登岛考察。该岛面积 28 平方千米，有候鸟和绿海龟生存。据报道，法国在此设立了自然保护区、气象站和机场，由留尼汪岛下属的警卫部队看管。由于岛屿保护区的建立，限制了社会要素的建设，所以除军事维权需要之外，社会要素比较少。

WGS 1984 Web Mercator

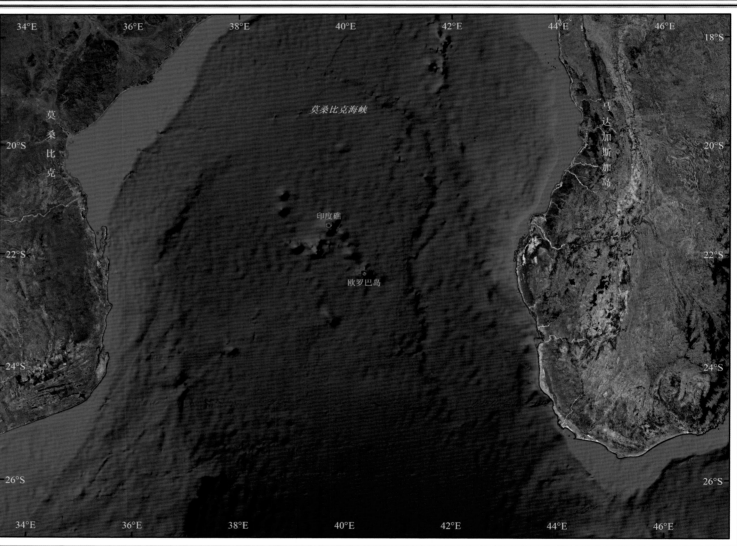

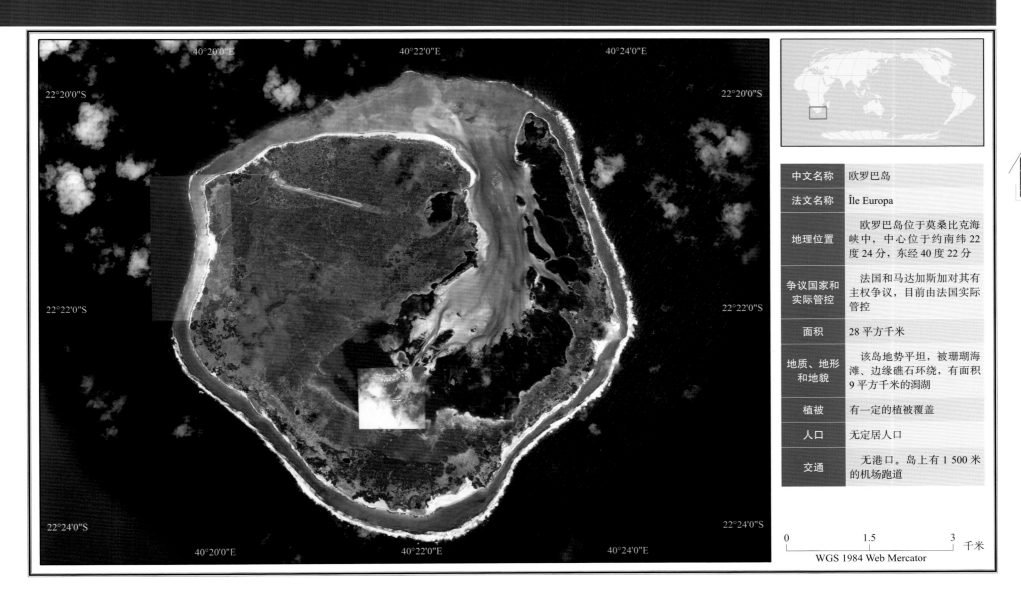

中文名称	欧罗巴岛
法文名称	Île Europa
地理位置	欧罗巴岛位于莫桑比克海峡中，中心位于约南纬22度24分，东经40度22分
争议国家和实际管控	法国和马达加斯加对其有主权争议，目前由法国实际管控
面积	28平方千米
地质、地形和地貌	该岛地势平坦，被珊瑚海滩、边缘礁石环绕，有面积9平方千米的潟湖
植被	有一定的植被覆盖
人口	无定居人口
交通	无港口。岛上有1 500米的机场跑道

0   1.5   3   千米
WGS 1984 Web Mercator

其他区域海岛

格洛里厄斯群岛

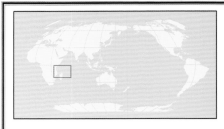

　　格洛里厄斯群岛由两个小岛和数块礁石组成，总陆地面积约 5 平方千米，无人居住。资料显示，大岛上有长 1 300 米的飞机跑道。该群岛于 1880 年为一位法国人发现，他在群岛上一度建立过椰子和椰枣种植园，1892 年法国政府将其收归己有。

　　由于岛屿分散、各岛面积小，无人居住，开发程度不够，不宜开展大型基础设施建设，所以社会要素比较少。

WGS 1984 Web Mercator

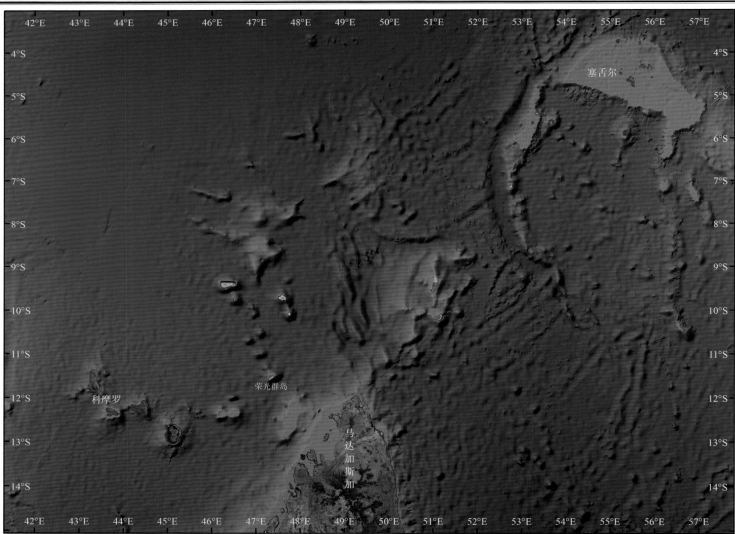

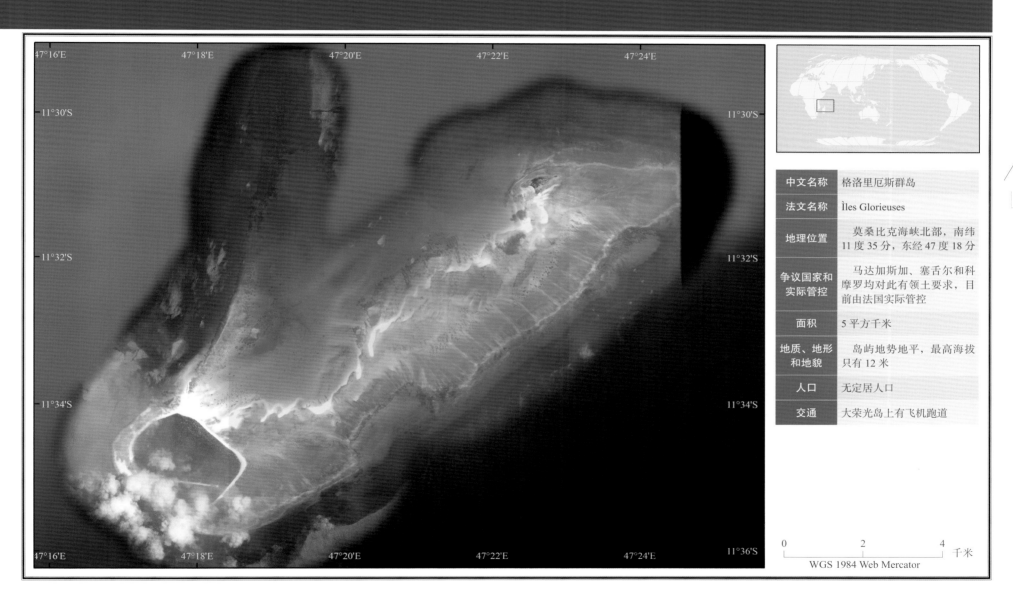

中文名称	格洛里厄斯群岛
法文名称	Ìles Glorieuses
地理位置	莫桑比克海峡北部，南纬11度35分，东经47度18分
争议国家和实际管控	马达加斯加、塞舌尔和科摩罗均对此有领土要求，目前由法国实际管控
面积	5平方千米
地质、地形和地貌	岛屿地势地平，最高海拔只有12米
人口	无定居人口
交通	大荣光岛上有飞机跑道

其他区域海岛

WGS 1984 Web Mercator

0　　　　2　　　　4　千米

特罗姆兰岛

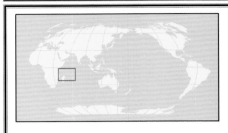

　　1722 年，法国航海家首次记录特罗姆兰岛。据报道，2010 年 6 月 10 日，毛里求斯外交部长与法国合作部长在毛外交部签订了在特罗姆兰岛及周边海域合作开发框架协议。该协议涉及到双方在该岛的经济发展、科技研发及环境管理等多个领域的合作，主要包括合作管理渔业资源、环境保护及考古研究等内容。通过该协议，毛法双方将建立资产评估、发展管理计划及给予毛籍及法籍船只捕鱼许可的共同政策。

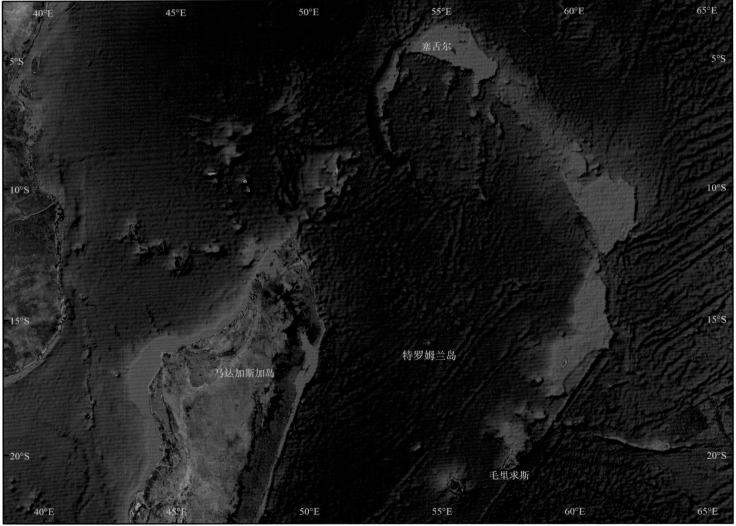

WGS 1984 Web Mercator

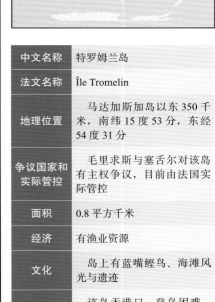

中文名称	特罗姆兰岛
法文名称	Île Tromelin
地理位置	马达加斯加岛以东 350 千米，南纬 15 度 53 分，东经 54 度 31 分
争议国家和实际管控	毛里求斯与塞舌尔对该岛有主权争议，目前由法国实际管控
面积	0.8 平方千米
经济	有渔业资源
文化	岛上有蓝嘴鲣鸟、海滩风光与遗迹
交通	该岛无港口，登岛困难。岛上有 1 千米的机场跑道

0   0.25   0.5 千米

WGS 1984 Web Mercator

其他区域海岛

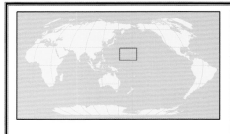

国外区域海岛图集
GUOWAI QUYU
HAIDAO TUJI

1568 年，一支西班牙探险队首次发现威克岛。1796 年，英国船长威廉·威克正式注明此岛，并以他的名字命名该岛。此后该岛一度湮没无闻，直到 1841 年美国海军对原岛重新进行建设。

1898 年该岛归属美国，1934 年由海军管辖，"二战"期间威克岛被日本占领。1962 年美国在岛上建成了现代化机场。1964 年完成了新的海底电缆的铺设。1972 年，该岛由美国国防部接管，网络资料显示，民事方面授权空军总律师管辖，并由威克岛驻军司令作为他的代理人。1974 年用作导弹试验基地，1975 年曾收容越战难民。

20 世纪 70 年代中期至今，威克岛一直是军用和民用飞机的紧急降落备用机场，也是美军飞机从檀香山到东京和关岛的加油站。

0   150   300 千米

WGS 1984 Web Mercator

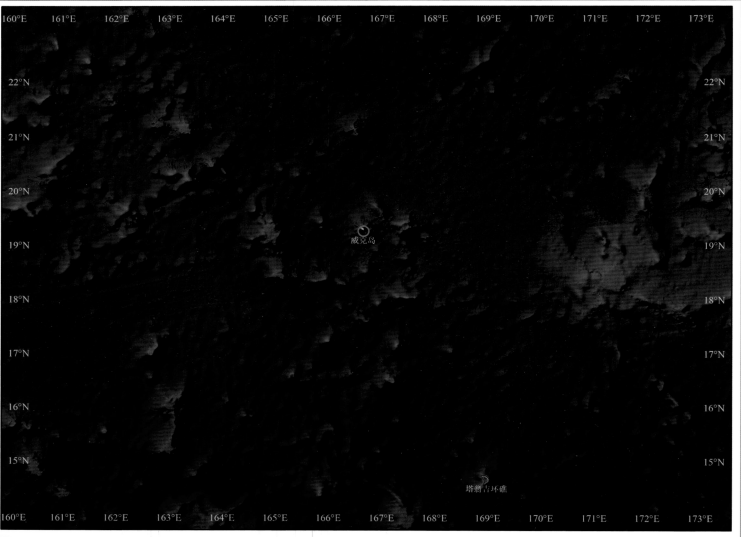

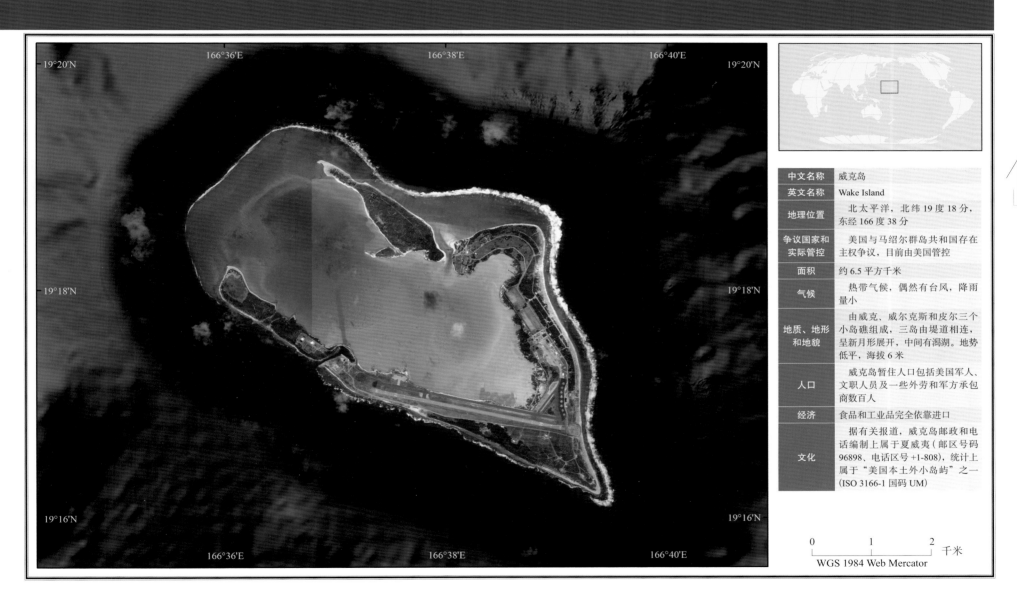

中文名称	威克岛
英文名称	Wake Island
地理位置	北太平洋，北纬 19 度 18 分，东经 166 度 38 分
争议国家和实际管控	美国与马绍尔群岛共和国存在主权争议，目前由美国管控
面积	约 6.5 平方千米
气候	热带气候，偶然有台风，降雨量小
地质、地形和地貌	由威克、威尔克斯和皮尔三个小岛礁组成，三岛由堤道相连，呈新月形展开，中间有潟湖。地势低平，海拔 6 米
人口	威克岛暂住人口包括美国军人、文职人员及一些外劳和军方承包商数百人
经济	食品和工业品完全依靠进口
文化	据有关报道，威克岛邮政和电话编制上属于夏威夷（邮区号码 96898、电话区号 +1-808），统计上属于"美国本土外小岛屿"之一（ISO 3166-1 国码 UM）

0   1   2   千米

WGS 1984 Web Mercator

新胡安岛

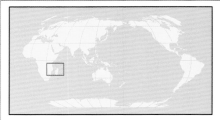

新胡安岛是位于莫桑比克海峡中部的一个环礁，为法属印度洋诸岛之一。该岛处于马达加斯加岛以西。陆地面积约 4.4 平方千米，资料显示，岛上无常住人口。该岛长 6 千米，宽 1.6 千米。新胡安岛由葡萄牙舰队指挥官胡安于 1501 年发现，故得名"新胡安岛"。1897 年成为法国领地。

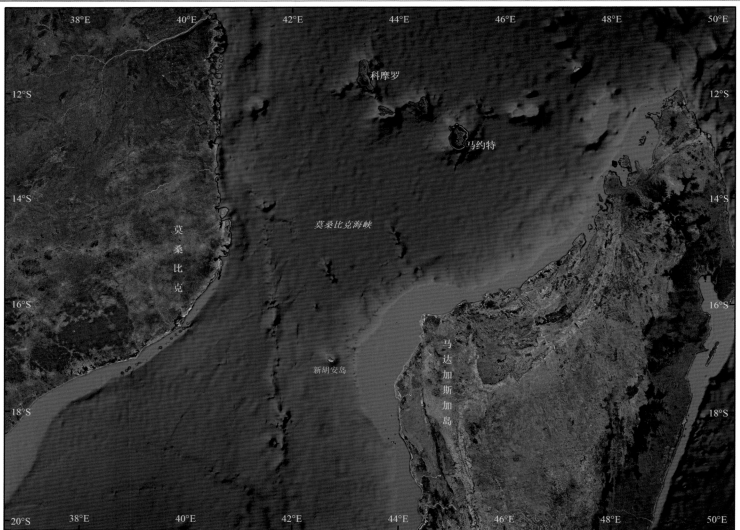

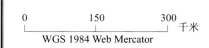

WGS 1984 Web Mercator

国外 区域 海岛图集

GUOWAI HAIDAO TUJI QUYU

中文名称	新胡安岛
法文名称	le Juan-de-Nova
地理位置	马达加斯加岛以西，莫桑比克海峡中部，南纬17度3分，东经42度43分
争议国家和实际管控	马达加斯加和法国对其有主权争议，目前由法国管控
面积	约4.4平方千米
地质、地形和地貌	环礁。该岛长6千米，宽1.6千米
人口	无常住人口

0   0.5   1   千米

WGS 1984 Web Mercator

伊米亚岛

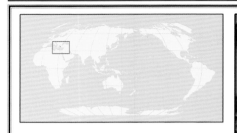

　　伊米亚岛位于东爱琴海卡洛利姆诺斯岛东部，希腊和土耳其对其有主权争议，曾多次开展插旗竞赛。由于岛屿面积小，不适宜居住，仅以插国旗和巡航的方式宣示主权。

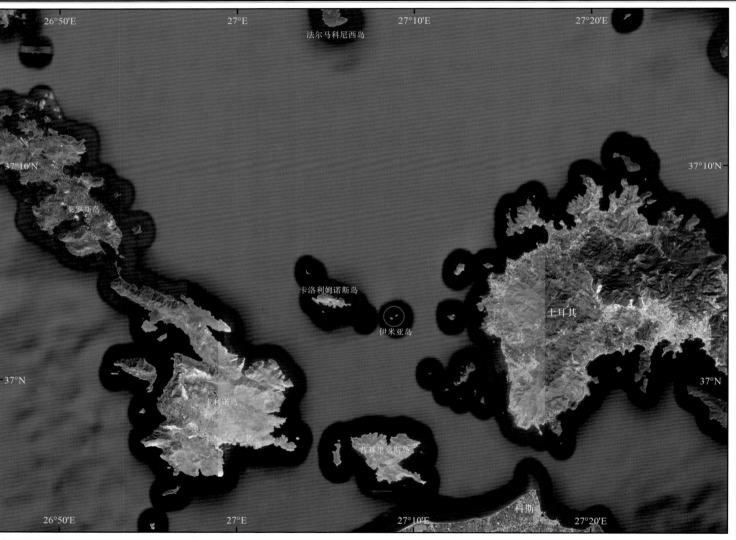

法尔马科尼西岛

莱罗斯岛

卡洛利姆诺斯岛

伊米亚岛

土耳其

卡利诺岛

普塞里莫斯岛

科斯

26°50'E　　27°E　　27°10'E　　27°20'E

37°10'N　　37°10'N

37°N　　37°N

0　　8　　16　千米

WGS 1984 Web Mercator

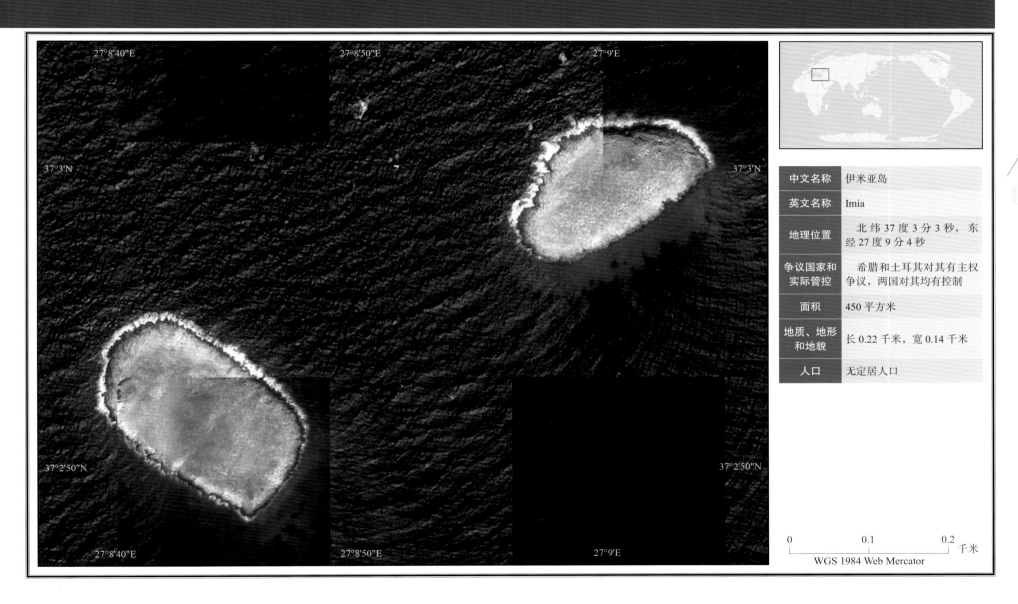

中文名称	伊米亚岛
英文名称	Imia
地理位置	北纬37度3分3秒，东经27度9分4秒
争议国家和实际管控	希腊和土耳其对其有主权争议，两国对其均有控制
面积	450平方米
地质、地形和地貌	长0.22千米，宽0.14千米
人口	无定居人口

27°8'40"E   27°8'50"E   27°9'E

37°3'N   37°3'N

37°2'50"N   37°2'50"N

27°8'40"E   27°8'50"E   27°9'E

0   0.1   0.2 千米

WGS 1984 Web Mercator

其他区域海岛

印度礁

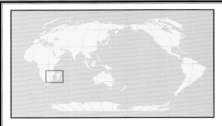

印度礁在 16 世纪首先被葡萄牙人记录，当时的名字是"朱迪亚礁"，因为发现这个礁石的船名为"朱迪亚"号。后来的绘图者由于笔误，将礁石的名字错写成 India，因此礁石被改名叫印度礁。1897 年法国占领该礁，后来于 1968 年将其置于留尼汪岛管辖。由于岛屿面积小，不适宜人类居住，所以社会要素比较少。

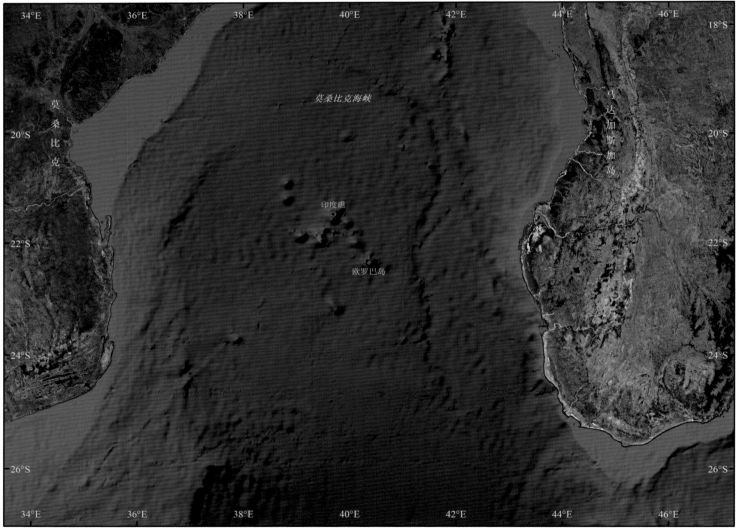

WGS 1984 Web Mercator

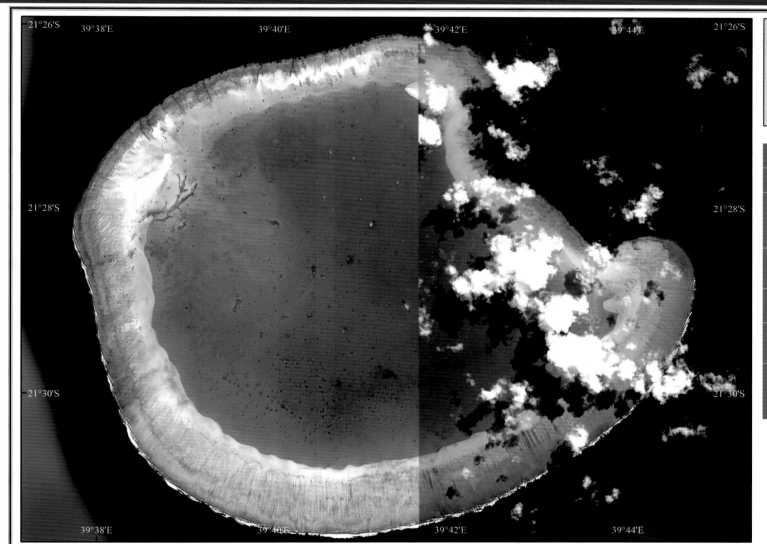

中文名称	印度礁
英文名称	Bassas da India
地理位置	莫桑比克海峡南部，南纬21度28分57秒，东经39度40分19秒
争议国家和实际管控	马达加斯加和法国对其存在主权争议，目前由法国管控
面积	面积约为 0.2 平方千米
地质、地形和地貌	圆形封闭环礁，自海平面下 3 000 米升起，宽约 100 米
水文	环礁的潟湖最大深度在15 米左右，整个礁在高潮前后 3 小时完全被海水覆盖

0   1.5   3 千米

WGS 1984 Web Mercator

其他区域海岛

参考文献

太平洋区域海岛

一、巴尔米拉环礁 注：参考文献 [1～7]

1. 普雷斯科特 . 世界海洋政治边界 [M]. 北京：海洋出版社 , 2014.
2. 周举文 . 美国用能产品能效技术法规实用指南 [M]. 北京：中国标准出版社 , 2009.
3. 华远东 . 世界百科 [M]. 郑州：海燕出版社 , 2004.
4. 杨汝生 . 生命之谜 [M]. 北京：时事出版社 , 2006.
5. 梅益 . 简明大不列颠百科全书第 11 卷增补 [M]. 北京：中国大百科全书出版社 , 1985.
6. 美国不列颠百科全书公司 . 不列颠百科全书 [M]. 北京：中国大百科全书出版社 , 1999.
7. Owen Tang, 赵菊芬 . 巴尔米拉环礁禁渔案：基于征收条款的分析 [A]. 中国海洋法学评论 [C], 2009, 10 (2): 26.

二、北马里亚纳群岛 注：参考文献 [8～23]

8. 世界知识出版社 . 世界知识年鉴 . 2012—2013[M]. 北京：世界知识出版社 , 2013.
9. 施海燕 . 畅游最美的 99 个休闲海岛 [M]. 北京：清华大学出版社 , 2013.
10. 林葳 . 你不可不知的 2 500 条地理常识 [M]. 呼伦贝尔：内蒙古文化出版社 , 2011.
11.《世界地理地图集》编委会 . 世界地理地图集 [M]. 北京：中国大百科全书出版社 , 2011.
12. 特纳（澳）. 亚洲太平洋地区旅游业发展预测：2006—2008[M]. 北京：中国旅游出版社 , 2006.
13. 西安地图出版社 . 当代世界知识地图册 [M]. 西安：西安地图出版社 , 2011.
14. 丘梅兴 . 五洲掠影 [M]. 梅州市作家协会 , 2006.
15. 星球地图出版社 . 大洋洲之旅 [M]. 北京：星球地图出版社 , 2006.
16. 刘国平 . 世界各国经济概况 [M]. 北京：经济科学出版社 , 2001.
17. 陈元 . 中国统一战线辞典 [M]. 北京：中共党史出版社 , 1992.

18. 黄长 . 各国语言手册 [M]. 重庆：重庆出版社 , 1990.

19. 林思钦 . 海洋 1001 问 [M]. 北京：中国大地出版社 , 2007.

20. 世界知识出版社 . 世界知识年鉴 [M]. 北京：世界知识出版社 , 1994.

21. 《世界议会辞典》编辑委员会 . 世界议会辞典 [M]. 北京：中国广播电视出版社 , 1987.

22. 王炳炎 . 美日曾在这里激战——北马里亚纳群岛之旅 [J]. 世界博览 , 2005, 08:24-27.

23. 钟海 , 郭侣 . 在太平洋上垂钓——北马里亚纳群岛记游 [J]. 今日中国（中文版）, 2002, 06:78-80.

三、贝克岛 注：参考文献 [17, 20, 24～30]

24. 邵献图 . 外国地名语源词典 [M]. 上海：上海辞书出版社 , 1983.

25. 中国科学院地理研究所 . 世界地名词典 [M]. 上海：上海辞书出版社 , 1981.

26. 世界知识出版社编 . 世界知识年鉴 1989—1990[M]. 北京：世界知识出版社 , 1990.

27. 马武业 . 各国概况 美国和大洋洲部分 [M]. 北京：世界知识出版社 , 1991.

28. 张彦宁 , 宗庆后 . 各国概况及实用贸易投资大全 [M]. 北京：企业管理出版社 , 1996.

29. 宋燕辉 , 江家栋 . 南（中国）海主权与海域争端：中国与美国之间的潜在冲突 [A]. 中国海洋法学评论 [C], 2012 (2): 75.

30. 梅宏 , 王霄 . 美国海岛的管理与立法 [N]. 中国海洋报 , 2011-05-20.

四、关岛 注：参考文献 [10, 12, 31～52]

31. 李永志 . 简明国际知识辞典 [M]. 北京：世界知识出版社 , 2014.

32. 丛书编委会 . 全景二战系列之夺岛之战 [M]. 北京：海潮出版社 , 2014.

33. 樊高月 . 美国全球军事基地览要 [M]. 北京：解放军出版社 , 2014.

34. 田勇 . 大开眼界的地理文化书——大洋洲是这么回事 [M]. 北京：北京联合出版公司 , 2014.

35. 《华人经济年鉴》编辑委员会 . 华人经济年鉴 . 2012—2013 [M]. 北京：中国华侨出版社 , 2013.

36. 世界知识出版社 . 世界知识年鉴 2011—2012 [M]. 北京：世界知识出版社 , 2012.

37. 中国科普作家协会国防科普委员会 . 维护中国海洋权益知识 200 题 [M]. 北京：科学普及出版社 , 2014.

38. 邓学之 . 马里亚纳海战 [M]. 北京：外文出版社 , 2013.

39. 周小宁 . 马里亚纳大反攻 [M]. 武汉：武汉大学出版社 , 2013.

40. 刘宝银 . 环中国西太平洋岛链 [M]. 北京：海洋出版社 , 2013.

41. 探索发现丛书编委会 . 探索发现丛书：闻名世界的浪漫岛屿 [M]. 成都：四川科学技术出版社 , 2013.

42. 闫琴，付尧，尹桂淑，等 . 全球浪漫岛屿 [M]. 北京：北京理工大学出版社，2013.

43. 李树藩 . 各国国家地理（美洲 . 大洋洲卷)[M]. 长春：长春出版社，2007.

44. 吴钟华 . 南太不了情　一个外交官鲁滨逊式经历 [M]. 成都：四川人民出版社，2012.

45. 佚名 . 中国百科年鉴 1984[M]. 北京：中国大百科全书出版社，1984.

46. 廖明铨 . 世界经济与投资机会指南 [M]. 成都：西南财经大学出版社，1993.

47. 佚名 . 现代美国百科全书 [M]. 上海：东方出版中心，1998.

48. 郑文翰 . 军事大辞典 [M]. 上海：上海辞书出版社，1992.

49. 白克敏 . 航海辞典 [M]. 北京：知识出版社，1989.

50. 尚思棣 . 世界地理简辑 [M]. 上海：上海人民出版社，1974.

51. 曹琳琳，王运祥 . 美国加强关岛军事基地建设的战略解读 [J]. 广东外语外贸大学学报，2010, 01:55-58.

52. 安德鲁·艾里克森，贾斯汀·米科雷，张宏飞 . 关岛要塞　美军在西太平洋的最新前沿力量部署 [J]. 国际展望，2006, 10:18-25.

五、豪兰岛 注：参考文献 [8, 19, 25, 27, 28, 30, 53 ~ 55]

53. （德）朱迪丝·莎兰斯基 . 岛屿书——天堂是岛，地狱也是 [M]. 长沙：湖南文艺出版社，2013.

54. 佚名 . 家庭娱乐教育网址簿 [M]. 北京：机械工业出版社，1999.

55. 张恩护 . 太平洋群岛 [M]. 北京：商务印书馆，1959.

六、贾维斯岛 注：参考文献 [8, 16, 36, 54, 56 ~ 60]

56. 胡浩 . 商行天下：全球国家、主要国际组织及会议信息手册 [M]. 北京：中国金融出版社，2011.

57. 孟淑贤 . 各国概况：大洋洲 [M]. 北京：世界知识出版社，1997.

58. 世界知识出版社 . 世界知识年鉴 2000—2001[M]. 北京：世界知识出版社，2000.

59.《各国概况》编写组 . 各国概况：1979 年版 [M]. 北京：世界知识出版社，1979.

60. 孙晖明 . 南太平洋岛国近况 [J]. 国际资料信息，1995, 12:24-25+17.

七、金曼礁 注：参考文献 [8, 36, 56, 61 ~ 69]

61. （美）普赖斯 . 越糟糕，越精彩：一生中 96 个不要去的地方 [M]. 南京：译林出版社，2012.

62. 行者无疆编辑部 . 美国玩全攻略：图文全彩版 [M]. 北京：清华大学出版社，2013.

63. （美）韦斯曼 (Weisman, A.). 没有我们的世界 [M]. 上海：上海科学技术文献出版社，2011.

64. 多林·金得斯利 (Dorling Kindersley). 世界地图集 [M]. 成都：成都地图出版社，2003.

65. 世界知识出版社. 世界知识年鉴 2001－2002[M]. 北京：世界知识出版社，2002.

66. 台湾中华书局股份有限公司. 简明大英百科全书中文版 10[M]. 台湾中华书局，1988.

67. 刘大海，张牧雪，刘芳明. 美国太平洋海岛利用模式的演变及对我国岛礁权益启示 [A]."一带一路"战略与海洋科技创新——中国海洋学会 2015 年学术论文集 [C]. 中国海洋学会，2015:5.

68. 芦千文，周婕. 太平洋"海外领地"的现状及发展趋势 [J]. 国际关系学院学报，2012, 05:59-64.

69. 于莹，刘大海，刘芳明，等. 美国最新海洋 (海岛) 保护区动态及趋势分析 [J]. 海洋开发与管理，2015, 02:1-4.

八、夸贾林环礁 注：参考文献 [33, 38, 70～78]

70. 李宏. 西西里岛登陆战 [M]. 北京：大众文艺出版社，2002.

71. 第二次世界大战：美军太平洋登陆战例（中）[M]. 海军学院军事学术研究部翻印，1978.

72. 胡元斌. 日落激流——第二次世界大战太平洋战事（第二次世界大战纵横录）[M]. 北京：台海出版社，2014.

73. 帕姆·沃克，伊莱思·伍德（美）. 珊瑚礁动物 [M]. 上海：上海科学技术文献出版社，2014.

74. 郑克椤. 水的警示 [M]. 北京：华文出版社，2013.

75. 刘伯瘟. 美国海豹突击队 [M]. 南京：凤凰出版社，2013.

76. 益兵. 美国陆军夸贾林环礁导弹试验靶场 [J]. 航天，1996, 05:38-39.

77. 黄辉. 夸贾林环礁：15 个岛屿组成的导弹试验场 [N]. 中国航天报，2014-09-27004.

78. 管苏清. 攻占马绍尔群岛 [J]. 汽车运用，2003, 09:15-17.

九、马绍尔群岛 注：参考文献 [8, 10, 23, 79～93]

79. 中国地图出版社. 世界国旗国徽地图册 [M]. 北京：中国地图出版社，2013.

80. 杨黎炜. 邮票上的国旗国徽 [M]. 武汉：湖北人民出版社，2013.

81. 传奇翰墨编委会. 奇趣澳洲、南极洲 [M]. 南京：江苏科学技术出版社，2013.

82. （美）比尔. 沉默的勇士：海军上将雷蒙德. A. 斯普鲁恩斯传记 [M]. 北京：海潮出版社，2013.

83. 苏豫. 世界地理常识与趣闻随问随查（超值白金版）[M]. 北京：中国华侨出版社，2013.

84. 畲田，王卓然. 走遍地球 美洲·大洋洲 [M]. 长春：北方妇女儿童出版社，2012.

85. 崔利锋. 世界主要国家和地区渔业概况 [M]. 北京：海洋出版社，2012.

86. 李树藩. 最新各国概况：美洲、大洋洲分册 [M]. 长春：长春出版社，2007.

87. 杜震华 . 天涯若比邻：全球化下的世界经济导论（下）[M]. 北京：经济日报出版社 , 2006.

88. 于国宏 , 州长治 . 大洋洲 [M]. 北京：中国地图出版社 , 2005.

89. 刘继南 . 当代世界概览 [M]. 北京：当代世界出版社 , 2005.

90. 王捷 . 第二次世界大战大词典 [M]. 北京：华夏出版社 , 2003.

91. 杨坚 . 世界各国和地区渔业概况（上）[M]. 北京：海洋出版社 , 2002.

92. 李梵 . 美洲、大洋洲人文风情 [M]. 西安：陕西师范大学出版社 , 2008.

93. 章梅 . 马绍尔群岛 [J]. 世界知识 , 1991, 01:30.

十、美属萨摩亚群岛 注：参考文献 [17, 94～102]

94. 孙文范 . 世界历史地名辞典 [M]. 长春：吉林文史出版社 , 1990.

95. 李树藩 , 王新 . 世界小百科全书 [M]. 长春：吉林人民出版社 , 1999.

96. 佚名 . 辞海 - 地理分册（外国地理）[M]. 上海：上海辞书出版社 , 1983.

97. 中科院地理研究所 . 世界地名词典 [M]. 上海：上海辞书出版社 , 1981.

98. 杨军 . 美国社会历史百科全书 [M]. 西安：陕西人民出版社 , 1992.

99. 龚勋 . 中国学生最想去的 100 个最美的地方 [M]. 汕头：汕头大学出版社 , 2012.

100.（美）唐纳德 . B. 弗里曼 . 太平洋史 [M]. 上海：东方出版中心 , 2011.

101. 王华 . 萨摩亚争端与大国外交 1871－1900 年 [D]. 首都师范大学 , 2005.

102. 郑方圆 . 全球化背景下人、制度和文化变迁——以美属萨摩亚为例 [J]. 中共云南省委党校学报 , 2014, 04:127-130.

十一、塞班岛 注：参考文献 [14, 17, 38, 41, 42, 49, 94, 96, 97, 103～123]

103. 西风 . 第二次世界大战太平洋战场 [M]. 北京：中国市场出版社 , 2014.

104. 丛书编委会 . 太平洋大海战 [M]. 北京：海潮出版社 , 2014.

105. 去旅行编辑部 . 去美国 [M]. 北京：中国农业出版社 , 2014.

106. 张戈 . 世界战争简史 [M]. 北京：中国文史出版社 , 2014.

107. 杨建峰 . 全球最美的度假胜地 [M]. 汕头：汕头大学出版社 , 2014.

108. 孙朦 . 男孩子长大前一定要去的 80 个好地方 [M]. 昆明：云南科技出版社 , 2013.

109. 海洋环境与气象编委会 . 海洋世界探索丛书 [M]. 青岛：青岛出版社 , 2013.

110. 刘小沙 . 西西里夺岛战 [M]. 北京：西苑出版社 , 2013.

111. 环球旅行编辑部 . 世界热门景点一本就 Go [M]. 北京：清华大学出版社 , 2013.

112. 闫琴 . 全球最美丽的地方 [M]. 北京：北京理工大学出版社 , 2013.

113. 冀海波 . 魅力天成的奇趣海岛 [M]. 石家庄：河北科学技术出版社 , 2013.

114. 方国荣 . 旅游世界 [M]. 合肥：安徽人民出版社 , 2013.

115. 李清华，李晓辉 . 袖珍百科 世界风景名胜纵览 [M]. 北京：改革出版社 , 1997.

116. 中华书局辞海编辑所 . 辞海·试行本· 第 9 分册·地理 [M]. 中华书局辞海编辑所 , 1961.

117. 金良浚 . 世界各国签证与出入境指南 [M]. 北京：中华工商联合出版社 , 1999.

118. 丛溪 . 奇异海岛 [M]. 青岛：中国海洋大学出版社 , 2011.

119. 王奕 . 海洋地理知多少 [M]. 北京：中国时代经济出版社 , 2011.

120. 刘嫣茹 . 塞班岛社会变迁及其原住民民俗发展初探 [D]. 东北财经大学 , 2012.

121. 塞班岛 —— 世界第一潜水圣地 [J]. 时代主人 , 2016, 6:45.

122. 王洁茹 . 世界十大最美海岛之塞班岛 [J]. 商业文化 , 2014, 12:76-83.

123. 杨沐春涓 . 美国塞班岛，沧桑美丽几流年 [J]. 世界遗产 , 2012, 02:104-107.

十二、圣劳伦斯岛 注：参考文献 [97, 124 ~ 127]

124. 刘涛 . 北极纪行 —— 一个记者的随队考察见闻 [M]. 北京：海洋出版社 , 2011.

125. 刘清廷 . 地球是什么样子的 [M]. 合肥：安徽美术出版社 , 2013.

126. 留明 . 世界文学与风俗的由来（下）[M]. 呼和浩特：远方出版社 , 2004.

127. 陈淳 . 圣劳伦斯岛 —— 白令海峡探古 [J]. 化石 , 1984, 03:14-15.

十三、威克岛 注：参考文献 [16, 28, 33, 48, 49, 54, 55, 57, 97, 128 ~ 137]

128. 何楚舞 . 最寒冷的冬天 3：血战长津湖 [M]. 重庆：重庆出版社 , 2014.

129. 汤重南 . 日本帝国的兴亡 [M]. 北京：世界知识出版社 , 2005.

130. 世界知识年鉴编辑委员会 . 世界知识年鉴 1987 [M]. 北京：世界知识出版社 , 1987.

131. 安国政 . 世界知识年鉴 (1998－1999)[M]. 北京：世界知识出版社 , 1999.

132. 国际时事辞典编辑组 . 国际时事辞典 [M]. 北京：商务印书馆 , 1981.

133. 孟祥麟 . 邮电通信地理（国际部分）[M]. 北京：人民邮电出版社 , 1984.

134. 中国海军百科全书编审委员会.中国海军百科全书 [M].北京：海潮出版社,1998.

135. 李树藩.最新各国概况 [M].长春：长春出版社,1993.

136. 文锋.太平洋战场上首挫日军的威克岛之战 [J].航海,2003,01:22-25.

137. 郭彩虹.孤岛血战——太平洋战争中美日威克岛争夺战纪实 [J].环球军事,2008,07:50-53.

十四、夏威夷群岛 注：参考文献 [37, 49, 50, 62, 138~151]

138. 墨彩书坊编委会.中国少年儿童百科全书（超值全彩版）[M].北京：旅游教育出版社,2014.

139. 青少年万有书系编写组.环境与自然 [M].沈阳：辽宁少年儿童出版社,2014.

140. 崔钟雷.地球风貌 [M].通辽：内蒙古少年儿童出版社,2014.

141. 腾翔.奇观异俗 [M].北京：中国电影出版社,2014.

142. 秋雨.不可不知的世界地理 [M].哈尔滨：黑龙江科学技术出版社,2013.

143. 郭豫斌.海岛海峡海湾 [M].北京：东方出版社,2013.

144. 莫芳灿.美洲纵横游 [M].合肥：安徽人民出版社,2012.

145. 张启明.新地理知识一本通 [M].乌鲁木齐：新疆美术摄影出版社,2010.

146. 杨长林.当代军官百科辞典 [M].北京：解放军出版社,1997.

147. 北京第二外国语学院国际关系教研室.国际知识手册（下）[M].南宁：广西人民出版社,1981.

148. 林邦慧,竺敏.夏威夷岛的 Kilauea 火山（综述）[J].地震地磁观测与研究,1998,03:43-48.

149. 丹·基扬姆拉,程礼泽.生活在夏威夷岛的民族 [J].民族译丛,1980,06:63-65.

150. 万延森,刘昌荣.夏威夷群岛的地貌特征 [J].黄渤海海洋,1991,02:46-53.

151. 顾学稼.美国兼并夏威夷群岛始末 [J].史学月刊,1982,02:81-85.

十五、约翰斯顿岛 注：参考文献 [23, 25, 33, 57, 152~156]

152. 世界知识年鉴编辑部.世界知识年鉴 [M].北京：世界知识出版社,1999.

153. 世界知识年鉴编辑委员会.世界知识年鉴 1987[M].北京：世界知识出版社,1987.

154. 李文瑞.世界军事年鉴 1985[M].北京：解放军出版社,1986.

155. 陈元.中国统一战线辞典 [M].北京：中共党史出版社,1992.

156. 耿守忠,杨治梅.万事万物溯源辞典 [M].长春：吉林人民出版社,1991.

十六、中途岛 注：参考文献 [17, 25, 57, 166, 167, 168, 171～172]

157. 胡联 . 中途岛战役 [J]. 决策与信息 , 2015, 05:43-46.

158. 中途岛：因一场海战而世界知名 [J]. 中国地名 , 2008, Z1:88-89.

其他区域海岛

一、巴霍努艾沃岛 注：参考文献 [159～161]

159. 黄瑶 , 卜凌嘉 . 论《海洋法公约》岛屿制度中的岩礁问题 [J]. 中山大学学报（社会科学版）, 2013, 04:174-188.

160. 谢博文 , 徐栋 . "尼哥领土与海洋争端案"评析及对南海问题的借鉴 [J]. 中国海商法研究 , 2014, 02:90-101.

161. 宋岩 . 国际法院在领土争端中对有效控制规则的最新适用——评 2012 年尼加拉瓜诉哥伦比亚"领土和海洋争端案"[J]. 国际论坛 , 2013, 02:48-54+80-81.

二、查戈斯岛 注：参考文献 [23, 53, 98, 110, 162～186]

162. 唐复全 , 卜延军 . 军事十万个为什么——兵要地理 [M]. 郑州：中原农民出版社 , 2002.

163. 王生荣 . 军事活动的天然舞台 [M]. 北京：蓝天出版社 , 2011.

164. （意）佐丹奴 . 全球急需保护的 200 个地方 [M]. 北京：中国大百科全书出版社 , 2010.

165. 楼锡淳 . 海岛 [M]. 北京：测绘出版社 , 2008.

166. 中国国际问题研究所编辑部 . 不结盟运动主要文件集（第 2 集）[M]. 北京：世界知识出版社 , 1992.

167. （法）A. 图森著 . 马斯克林群岛史 [M]. 上海：上海人民出版社 , 1977.

168. 王作秋 . 世界港口索引手册 [M]. 北京：人民交通出版社 , 1987.

169. 北京军区政治部宣传部 . 世界常识选编 [M]. 北京：北京军区政治部宣传部 ,1978.

170. 世界知识出版社图书编辑部 . 世界见闻 4 [M]. 北京：世界知识出版社 , 1984.

171. 工程兵学院政治理论教研室 . 国际关系和外交政策（教学资料）[M]. 1981.

172. 本社编 . 世界自然胜景博览 [M]. 北京：知识出版社 , 1994.

173. 佚名 . 国际知识 2[M]. 北京：人民出版社 , 1971.

174. 杨伟 . 走入军事网络：全球军事网址 [M]. 北京：解放军出版社 , 2001.

175. 李原 . 百岛集趣 [M]. 杭州：浙江科学技术出版社 , 1985.

176. （美）A. J. 科特雷尔 , R. M. 伯勒尔 . 印度洋在政治、经济、军事上的重要性 [M]. 上海：上海人民出版社 , 1976.

177. 胡欣，丛淑媛 . 印度洋纵横谈 [M]. 福州：福建人民出版社 , 1982.

178. 中国海洋学会科普委员会 . 海洋科普文选 [M]. 北京：海洋出版社 , 1985.

179. 施友群 . 世界海军知识 [M]. 北京：世界知识出版社 , 1995.

180. 黎赞 . 印度洋上的明珠 [M]. 北京：海洋出版社 , 1983.

181. （印度）克·拉简德拉·辛格 . 印度洋的政治 [M]. 北京：商务印书馆 , 1980.

182. 李雪季，金峰 . 跨世纪领导干部工作宝典（上）[M]. 北京：九洲图书出版社 , 1998.

183. 张小奕 . 毛里求斯诉英国查戈斯仲裁案述评——结合菲律宾诉中国南海仲裁案的最新进展 [J]. 太平洋学报 , 2015, 12:23-32.

184. 李坡，徐湛，熊艳晔 . 美迪戈加西亚基地现状分析 [J]. 国防科技 , 2015, 36(6):90-93.

185. Charkes R. C. Sheppard, 王燕 . 印度洋中部查戈斯群岛 20 年期间珊瑚的衰落和天气格局 [J]. AMBIO- 人类环境杂志 , 1999(6):471-478.

186. 李博伟 . 毛里求斯仲裁案与南海仲裁案管辖权之比较研究 [J]. 南海学刊 ,2015,03:19-25.

三、冲之鸟礁 注：参考文献 [37, 87 ～ 202]

187. 高之国，张海文 . 海洋国策研究文集 [M]. 北京：海洋出版社 , 2007.

188. 高建平，唐洪森 . 国民海洋观 [M]. 北京：海洋出版社 , 2012.

189. 军事科学院世界军事年鉴编辑部 . 世界军事年鉴 2010[M]. 北京：解放军出版社 , 2011.

190. 薛桂芳 . 联合国海洋法公约与国家实践 [M]. 北京：海洋出版社 , 2011.

191. 金永明 . 海洋问题时评（第 1 辑）[M]. 北京：中央编译出版社 , 2015.

192. 邵永灵 . 军事风云录 [M]. 济南：山东人民出版社 , 2013.

193. 凤凰周刊 . 中国与利益相关国家的风云故事 [M]. 北京：中国发展出版社 , 2013.

194. 人民日报社国际部 . 人民日报国际评论选 2012 [M]. 北京：人民日报出版社 , 2013.

195. 邵永灵 . 邵永灵论海洋大国崛起 [M]. 北京：石油工业出版社 , 2010.

196. 高新生 . 中国海防散论 [M]. 沈阳：辽宁大学出版社 , 2009.

197. 金永明 . 海洋问题专论（第 1 卷）[M]. 北京：海洋出版社 , 2011.

198. 许瑶 . "冲之鸟礁"问题研究 [D]. 上海师范大学 , 2012.

199. 颜行志，张凯 . 冲之鸟礁法律地位的国际法思考 [J]. 江南社会学院学报 , 2013, 03:72-75.

200. 一淘 . 冲之鸟礁及其背后的海洋利益 [N]. 中国海洋报 , 2012-05-07008.

201. 薛桂芳 . 岩礁应拥有多大的海域？——以冲之鸟礁为例 [A]. 中国海洋法学评论 [C]. 2011(1):59.

202. 吴卡 . 冲之鸟不应拥有外大陆架——从大陆架界限委员会的职能展开 [J]. 大连海事大学学报（社会科学版）, 2013, 02:37-40.

四、独岛 注：参考文献 [203～230]

203. 牛林杰，刘宝全 . 韩国发展报告 2013[M]. 北京：社会科学文献出版社，2013.

204. 王刚 . 亲历韩国 2012 驻韩中国记者一线实录 [M]. 北京：世界知识出版社，2013.

205. 孙运道 . 韩国海洋法律法规文件汇编 [M]. 北京：海洋出版社，2012.

206. 上海图书馆 . 世界·2012[M]. 上海：上海科学技术文献出版社，2013.

207. 中国朝鲜史研究会，延边大学朝鲜韩国历史研究所 . 朝鲜·韩国历史研究（第 12 辑）[M]. 延吉：延边大学出版社，2012.

208. 顾金俊 . 亲历韩国 2011：驻韩中国记者一线实录 [M]. 北京：世界知识出版社，2012.

209. 张宏杰 . 中国人比韩国人少什么 [M]. 北京：中国文史出版社，2004.

210. 李保平 . 金泳三 [M]. 北京：中国广播电视出版社，1998.

211. 万霞 . 国际环境法案例评析 [M]. 北京：中国政法大学出版社，2011.

212. 当前党政干部关注的国际形势热点问题解读编写组 . 当前党政干部关注的国际形势热点问题解读 [M]. 北京：人民出版社，2005.

213. 詹小洪 . 中国 VS 韩国：落后 10 年 [M]. 北京：社会科学文献出版社，2006.

214. 诚明 . 卢武铉传 [M]. 北京：新世界出版社，2009.

215. 黄志 . 打开世界政坛变与不变的引号 [M]. 北京：人民日报出版社，2010.

216. 杨柏华 . 战后国际关系中的日本及其对外政策的演变 [M]. 外语学院，1980.

217. （日本）加藤嘉一 . 以谁为师？——一个日本 80 后对中日关系的观察与思考 [M]. 北京：东方出版社，2009.

218. 张朝林 . 亚洲小龙——走出沉寂的时代 [M]. 呼和浩特：内蒙古人民出版社，1997.

219. 李红杰 . 韩国国民素质考察报告 [M]. 南宁：广西人民出版社，1999.

220. 张耀光 . 海洋地缘政治与海疆地理格局的时空演变 [M]. 北京：科学出版社，2004.

221. 朱阳明 . 亚太安全战略 [M]. 北京：军事科学出版社，2000.

222. 王湘江 . 世界军事年鉴 2007[M]. 北京：解放军出版社，2007.

223. 王湘江 . 世界军事年鉴 2006[M]. 北京：解放军出版社，2006.

224. 冯克正 . 新世纪少年百科大世界：哲学·政治 [M]. 北京：中国少年儿童出版社，2001.

225. 陈刚华 . 韩日独岛（竹岛）之争与美国的关系 [J]. 学术探索，2008, 04:41-46.

226. 蒲芳 . 韩日独岛争端的国际法分析 [J]. 经济研究导刊，2011, 31:263-264.

227. 谢采廷 . 韩日独岛争议研究 [J]. 廊坊师范学院学报（社会科学版），2012, 03:96-101.

228. 金香兰，王鸿生 . 韩日独岛之争探析 [J]. 太平洋学报，2013, 08:57-62.

229. 朱洪兵 . 日韩竹岛（独岛）领土争端研究 [D]. 黑龙江大学，2012.

230. 李莹 . 韩日独岛（竹岛）之争中的美国因素 [D]. 暨南大学 , 2010.

五、弗兰格尔岛 注：参考文献 [25, 231～235]

231. 韩泰伦 . 互为因应的生态环境 [M]. 呼和浩特：内蒙古人民出版社 , 2004.

232. 吴琼 . 北极海域的国际法律问题研究 [D]. 华东政法大学 , 2010.

233. 童国庆 . 纷繁复杂的弗兰格尔岛 [J]. 海洋世界 , 2014, 02:52-56.

234. 弗朗西斯·拉特尔（摄影）. 中国国家地理 , 2012, 4.

235. 浮在极寒海域的乐园 . 弗兰格尔岛自然保护区 . Newton- 科学世界 , 2006, 4.

六、海湾三岛 注：参考文献 [236～239]

236. 黄民兴，谢立忱 . 战后西亚国家领土纠纷与国际关系 [M]. 南京：江苏人民出版社 , 2014.

237. 徐倩 . 海湾三岛问题研究 [D]. 西北大学 , 2011.

238. 赵克仁 . 海湾三岛问题的由来 [J]. 世界历史 , 1998(04):112-115.

239. 郭振华 . 波斯湾地区海洋开发与海洋争端问题研究 [D]. 郑州大学 , 2013.

七、汉斯岛 注：参考文献 [232, 240～252]

240. 李剑 . 海疆争夺的历史与现实 [M]. 北京：军事科学出版社 , 2014.

241. 北极问题研究编写组 . 北极问题研究 [M]. 北京：海洋出版社 , 2011.

242. 何家弘 . 法学家茶座（第 42 辑）[M]. 济南：山东人民出版社 , 2014.

243. 赵青海 . 可持续海洋安全问题与应对 [M]. 北京：世界知识出版社 , 2013.

244. （澳）普雷斯科特，（澳）斯科菲尔德 . 世界海洋政治边界 [M]. 北京：海洋出版社 , 2014.

245. 曹升生 . 新智库、新战场、新理论 [M]. 天津：天津社会科学院出版社 , 2013.

246. 刘惠荣，董跃 . 海洋法视角下的北极法律问题研究 [M]. 北京：中国政法大学出版社 , 2012.

247. 陆俊元 . 北极地缘政治与中国应对 [M]. 北京：时事出版社 , 2010.

248. 高子川，林松 . 蓝色警示 21 世纪上半叶的海洋争夺 [M]. 北京：海潮出版社 , 2013.

249. 陶平国 . 北极主权权利争端研究 [D]. 复旦大学 , 2009.

250. 张守启 . 国际法视野下的北极问题分析与思考 [D]. 吉林大学 , 2010.

251. 叶静 . 加拿大北极争端的历史、现状与前景 [J]. 武汉大学学报（人文科学版），2013, 02:115-121+129.

252. 朱瑛.北极地区大陆架划界的科学与法律问题研究 [D]. 中国海洋大学 , 2012.

八、库克群岛 注：参考文献 [46, 85, 93, 253～268]

253. 叶献高.文史趣录 [M]. 广州：中山大学出版社 , 2014.

254. 高士晔 , 林毅.远洋渔业港口指南 [M]. 北京：海洋出版社 , 1988.

255. 高伟浓.国际海洋法与太平洋地区海洋管辖权 [M]. 广州：广东高等教育出版社 , 1999.

256. 丁登山 , 刘奕频.外国旅游地理 [M]. 北京：高等教育出版社 , 1996.

257. 高火.大洋洲艺术 [M]. 石家庄：河北教育出版社 , 2003.

258. 刘新生.新中国建交谈判实录 [M]. 上海：上海辞书出版社 , 2011.

259. 李原 , 蒋长瑜.袖珍国 [M]. 上海：上海科学技术出版社 , 2003.

260. 石音 , 陈平.最新各国国旗国徽军旗军徽 [M]. 北京：世界知识出版社 , 2004.

261. 李原 , 陈大璋.海外华人及其居住地概况 [M]. 北京：中国华侨出版社 , 1991.

262. 陈一云.各国对外经济贸易概况 [M]. 武汉：华中师范大学出版社 , 1990.

263. 童建栋.国际小水电的理论与实践 [M]. 南京：河海大学出版社 , 1993.

264. 章亚南 , 陈泽梁.涉外工作常识 [M]. 上海：第二军医大学出版社 , 2008.

265. 朱亚娥.世界通史 [M]. 北京：中国华侨出版社 , 2010.

266. 阿陈.世外桃源——袖珍库克群岛 [J]. 民族大家庭 , 2004, 06:31-32.

267. 文钧.库克群岛 [J]. 世界知识 , 1997, 16:21.

268. 张大昕.库克群岛：南太平洋的果园 [J]. 记者观察 , 1997, 09:30-31.

九、马尔维纳斯群岛 注：参考文献 [8, 10, 16, 23, 134, 269～285]

269. 马健 , 张兰菊.世界简史 [M]. 北京：中国文史出版社 , 2014.

270. 黄日涵 , 姚玉斐.国际关系实用手册 [M]. 天津：天津人民出版社 , 2013.

271. 苏豫.世界地理常识与趣闻随问随查 [M]. 北京：中国华侨出版社 , 2013.

272. 杨建华.世界战略要地概览 [M]. 北京：解放军出版社 , 2012.

273. 李淑杰 , 郭正中.世界地理百科知识 [M]. 长春：吉林人民出版社 , 2012.

274. 李树藩.最新各国概况 第 6 版 [M]. 长春：长春出版社 , 2007.

275. 黎娜.世界地理速查手册 [M]. 北京：光明日报出版社 , 2005.

276. 邹德金 . 军事百科全书 [M]. 北京：中国戏剧出版社 , 2007.

277. 曹廷 . 马尔维纳斯群岛问题的历史与现状 [J]. 国际资料信息 , 2012, 07:19-22.

278. 王晓晴 . 福克兰（马尔维纳斯）群岛海域鱿钓渔业管理与发展 [J]. 渔业信息与战略 , 2016, 31(2):139-145.

279. 章叶 . 马尔维纳斯群岛史略 [J]. 拉丁美洲丛刊 , 1982, 04:34-37.

280. 王淄 . 马尔维纳斯群岛公投与英阿马岛主权争端 [J]. 当代世界 , 2013, 04:56-57.

281. 晨路 . 马尔维纳斯群岛 [J]. 世界知识 , 1982, 09:6.

282. 郑敏雅 . 马尔维纳斯群岛地理概况 [J]. 中学地理教学参考 , 1982, 05:1-3.

283. 袁世亮 . 马尔维纳斯群岛 [J]. 拉丁美洲丛刊 , 1981, 01:68-69.

284. 刘小洁 . 对阿根廷与英国关于马岛主权争议的几点思考 [J]. 皖西学院学报 , 2013, 04:5-8.

285. 赵万里 . 关于马岛战争研究的几个问题 [J]. 拉丁美洲研究 , 2010, 03:58-63.

十、玛基亚斯海豹岛 注：参考文献 [286～287]

286. （美）勒夫特 ,（美）科林 . 21 世纪能源安全挑战 [M]. 北京：石油工业出版社 , 2013.

287. 郭丽芳 . 美国海洋争端及其解决机制——基于国家利益的分析视角 [J]. 美国问题研究 , 2014, 02:149-177.

十一、纳瓦萨岛 注：参考文献 [8, 65, 244, 288～295]

288. 赵重阳 , 范蕾 . 列国志 - 海地 [M]. 北京：社会科学文献出版社 , 2010.

289. 中国军控与裁军协会译 . SIPRI 年鉴 2005：军备、裁军和国际安全 [M]. 2006.

290. （苏）E . B . 奥尔洛娃 . 苏联以外世界各国磷矿 [M]. 北京：地质出版社 , 1959.

291. （美）刘阿兰 . 美国地理环境概述 [M]. 成都：四川大学出版社 , 2011.

292. （美）杰弗里·里彻逊 . 美国情报界 [M]. 北京：时事出版社 , 1988.

293. 王成家 . 各国概况：美洲、大洋洲 [M]. 北京：世界知识出版社 , 2002.

294. 左伟 . 美国的海外领地和非建制领土 [J]. 地理教学 , 2010, 23:12.

295. 布布 . 大事不妙，鸟粪变大炮 [J]. 小哥白尼（趣味科学画报）, 2011, 06:2-6.

十二、南奥克尼群岛 注：参考文献 [23, 36, 95, 97, 98, 296～299]

296. 周良 . 邮票图说南极探险 [M]. 北京：海洋出版社 , 2010.

297. 桂静 , 范晓婷 , 公衍芬 , 等 . 国际现有公海保护区及其管理机制概览 [J]. 环境与可持续发展 , 2013, 05:41-45.

298. 陈明慧 . 公海保护区及其对现代公海制度之冲击 [D]. 中国海洋大学 , 2015.

299. 王琦 , 万芳芳 , 黄南艳 , 等 . 英国公海保护的政策措施研究及设立公海保护区的利弊分析 [J]. 环境科学导刊 , 2013, 06:14-19.

十三、南千岛群岛 注：参考文献 [188, 240, 244, 300～309]

300. 陈振华 . 核心利益之领土主权 [M]. 北京：测绘出版社 , 2013.

301. 杨晓梅 , 刘宝银 . 东北亚海域空间融合信息与态势 航天遥感 信息特征 战略区位 [M]. 北京：海洋出版社 , 2013.

302. 万成才 . 苏联末日观察 [M]. 北京：中央编译出版社 , 2011.

303. 李双建 . 主要沿海国家的海洋战略研究 [M]. 北京：海洋出版社 , 2014.

304. 王仰正 . 俄罗斯社会与文化问答 [M]. 上海：上海外语教育出版社 , 2014.

305. 魏冬梅 . 浅析俄日 "南千岛群岛" 之争 [J]. 林区教学 , 2011, 08:43-45.

306. 唐宁 . 南千岛群岛？北方四岛？[J]. 世界知识 , 2010, 22:34-35.

307. 王春良 . 简论日、俄争夺千岛群岛与库页岛 [A]. 世界近现代史研究（第二辑）[C]. 2005:16.

308. 时代周报 . 南千岛群岛：日俄争夺四百年 [N]. 世界报 , 2010-11-10022.

309. 程春华 . 千岛群岛：俄罗斯的根须、触角与观音 [J]. 世界知识 , 2012, 15:40-41.

十四、南乔治亚岛与南桑威奇群岛 注：参考文献 [98, 244, 310～323]

310. 康珊 . 永不妥协：政坛铁娘子撒切尔夫人传 [M]. 北京：新世界出版社 , 2014.

311. 刘清廷 . 冰冻星球 南极 [M]. 合肥：安徽美术出版社 , 2013.

312. 陈英吴 , 汪宏玉 . 当代国际关系 [M]. 南京：江苏教育出版社 , 1993.

313. 斯德歌尔摩国际和平研究所 . SIPRI 年鉴 军备、裁军和国际安全 [M]. 北京：时事出版社 , 2006.

314. 洪育沂 . 拉美国际关系史纲 [M]. 北京：外语教学与研究出版社 , 1996.

315. 罗志华 . 特战风暴 [M]. 北京：国防大学出版社 , 2014.

316. 佚名 . 辞海地理分册外国地理修订稿 [M]. 北京：人民出版社 , 1977.

317. （美）H. 范隆 . 大洋气候 [M]. 北京：海洋出版社 , 1990.

318. 军事科学院世界军事研究部 . 冷战后期的局部战争 1969—1989[M]. 北京：军事科学出版社 , 2014.

319. 上海社会科学院法学研究所编译室 . 各国宪政制度和民商法要览：欧洲分册 [M]. 北京：法律出版社 , 1986.

320. 吴宁铂 . 南极外大陆架划界法律问题研究 [D]. 复旦大学 , 2012.

321. 郭昊奎 . 英阿马岛战役述评 [J]. 内蒙古工业大学学报（社会科学版）, 1994, 01:37-42.

322. 邓颖洁 . 马岛主权引发的民族战争 [J]. 中国民族 , 2004,05:41-42.

323. 刘明 . 阿根廷的南极政策探究 [J]. 拉丁美洲研究 , 2015,01:41-47.

十五、欧罗巴岛 注：参考文献 [8, 244, 273, 324～327]

324. 胡郁 . 不可思议的大自然现象 [M]. 合肥：安徽美术出版社 , 2013.

325. 李勇 . 世界地理 [M]. 哈尔滨：黑龙江科学技术出版社 , 2013.

326. 100˚ 文化工作室 . 你必须知道的 2 500 个地理常识 [M]. 重庆：重庆大学出版社 , 2012.

327. 冯克正 . 新世纪少年百科大世界 宇宙·地理 [M]. 北京：中国少年儿童出版社 , 2001.

十六、格洛里厄斯群岛 注：参考文献 [244]

十七、特罗姆兰岛 注：参考文献 [5, 244, 328～330]

328. 王倩 . 海洋争端的类型化研究 [M]. 北京：中国人民公安大学出版社 , 2014.

329. 樊懿 . 海洋法下的岛礁之辨 [D]. 武汉大学 , 2013.

330. 王婕 . 从另一个角度看岛屿争端 [J]. 百科知识 , 2015,03:54-55.

十八、威克岛 注：参考文献 [16, 28, 33, 48, 49, 54, 55, 57, 97, 98～108]

十九、新胡安岛 注：参考文献 [8, 36, 172, 244, 331]

331. 钱其琛 . 世界外交大辞典 [M]. 北京：世界知识出版社 , 2005.

二十、伊米亚岛 注：参考文献 [236, 240, 248, 272, 332～344]

332. 徐帮学 . 经典海战与海上争霸 [M]. 石家庄：河北科学技术出版社 , 2013.

333. 肖洋 . 国家间信任：安全困境与和平 [M]. 北京：世界知识出版社 , 2013.

334. 周学锋 . 中国海岛前沿问题研究 [M]. 杭州：浙江大学出版社 , 2013.

335. 安国政 . 世界知识年鉴 1997—1998[M]. 北京：世界知识出版社 , 1998.

336. 谢宇 . 广袤无垠的海洋国土 [M]. 北京：原子能出版社 , 2004.

337. 邓君蕊 . 一岛一世界：伊米亚岛的争端 [J]. 百科知识 , 2014,02:47-49.

338. 吴传华 . 土耳其与希腊爱琴海争端解析 [J]. 西亚非洲 , 2011,02:18-26+79.

339. 刘卫新 , 王淑萍 . 世界岛屿争端研究系列文章之六 希土伊米亚岛屿之争 [J]. 现代舰船 , 2000, 11:10-11.

340. 王瑶 . 希土争端中的爱琴海问题探析 [J]. 新西部 (理论版), 2015, 12:171-172.

341. 寒丁 . 岛屿纷争何其多 [J]. 当代海军 , 1996, 03:42-44.

342. 肖洋 . 海上领土争端中的国家互信生成机制探析 —— 以希腊与土耳其爱琴海争端为例 [J]. 太平洋学报 , 2015, 03:42-49.

343. 安利 . 引发国际争端的九座小岛 [J]. 百科知识 , 2012, 08:26-27.

344. 佚名 . 希土伊米亚岛屿之争 [J]. 国际展望 , 2002(16):78.

二十一、印度礁 注：参考文献 [244, 331, 345]

345. 翁以煊 . 征帆 [M]. 北京：生活・读书・新知三联书店 , 2010.